实用岭南植物地理

SHI YONG LING NAN ZHI WU DI LI

林国胜　杜凤仪　冯玉生　郝鹏翔　著

中国传媒大学出版社

·北京·

图书在版编目（CIP）数据

实用岭南植物地理 / 林国胜等著 . -- 北京：中国传媒大学出版社，2023.12
ISBN 978-7-5657-3552-3

Ⅰ . ①实… Ⅱ . ①林… Ⅲ . ①植物地理学—广东 Ⅳ . ① Q948.526.5

中国国家版本馆 CIP 数据核字（2024）第 019676 号

实用岭南植物地理

SHIYONG LINGNAN ZHIWU DILI

著　　者	林国胜　杜凤仪　冯玉生　郝鹏翔
责任编辑	王　硕
责任印制	李志鹏
封面设计	蒋凯瑞
特约策划	乐编乐读

出版发行　中国传媒大学出版社

社　　址	北京市朝阳区定福庄东街 1 号	邮　　编	100024
电　　话	86-10-65450532　65450528	传　　真	65779405
网　　址	http://cucp.cuc.edu.cn		
经　　销	全国新华书店		

印　　刷	天津鑫恒彩印刷有限公司
开　　本	710mm×1000mm　1/16
印　　张	22.25
字　　数	344 千字
版　　次	2024 年 1 月第 1 版
印　　次	2024 年 1 月第 1 次印刷

书　　号	ISBN 978-7-5657-3552-3/Q·3552	定　　价	98.00 元

本社法律顾问：北京嘉润律师事务所　郭建平

前言

Preface

　　有些植物可为人类提供食物，有些植物可提供治病药物（中草药），有些则是家具制造、建筑用材或其他工业原料；所有植物生长都需要光合作用，都要吸收二氧化碳，放出氧气，而有些植物还在吸收有毒有害气体、吸烟滞尘、降低噪声、净化水质(水生植物)等方面有贡献，而有些植物则在水土保持、防滑护坡、绿化美化环境等方面有贡献，都是生态环境不可或缺的组成部分，我们没有理由不爱护植物，了解植物，认识植物。

　　我可爱的家乡中山市位于珠江西岸、南海之滨、五岭以南，属南亚热带雨林气候，热量充足，降水丰富，植物种类繁多。近几年来，中山市市委、市政府一直重视城市环境建设，市园林绿化部门引进了大量美丽、适宜中山环境的绿化美化植物，进行培育，大大丰富了中山的植物种类，美化了中山的环境，1996年，中山就已获得"国家园林城市"称号，如今，中山到处繁花似锦、鸟语花香、风光旖旎。

　　我们学习认识植物，就从这些身边常见的绿化美化植物开始吧！经过多年的努力，我们撰写了这本《实用岭南植物地理》，将岭南常见的300多种绿化、美化植物介绍给大家，并辅于清晰的植物识别要点图，希望大中小学生、广大植物地理爱好者、园艺爱好者通过阅读对岭南地区常见绿化美化植物有一定的了解，并能举一反三，初步掌握辨认其他植物的方法，从而能更加珍惜、爱护、利用这些美丽的植物，建设我们可爱的家园。

本书的撰写得到了各界人士的支持和帮助，在此表示衷心感谢！

由于时间仓促，加上编者水平所限，不尽人意之处在所难免，希望各位专家、读者批评指正。

林国胜

2023年8月1日

目录
Contents

第二章　落叶乔木　　　071

| 第三章 | 常绿灌木（或小乔木） | 103 |

第四章　　落叶灌木　　151

第五章　　藤蔓（攀缘）植物　　165

| 第六章 | 棕榈类 | 193 |

| 第七章 | 竹类 | 215 |

第八章　草本花卉类 　　　　　　　227

第九章　兰科植物　297

第十章　水生植物　311

▼

第一章

常绿乔木

1.杉木

【又名】沙木、沙树等

【学名】*Cunninghamia lanceolata*（Lamb.）Hook.

【科属】杉科杉木属

【主要特征】常绿大乔木；树干直，高达25米，胸径可达2—2.5米；树皮灰褐色；叶在主枝上辐射伸展，条状披针形，革质、坚硬；雄球花锥状，雌球花单生；球果卵圆状；种子覆盖着种鳞，扁平，长卵形，两侧边缘有窄翅，花期4月，球果秋末成熟。

【主要用途及生态贡献】1.是南方栽培最广、经济价值高的速生用材和绿化树种。2.是建造房屋、家具制造、船舶修造等的优质用材。3.杉木根、皮有祛风止痛，散瘀止血的功效。

【地理分布】我国秦岭以南的地区广为栽种。

2.南洋杉

【又名】诺和克南洋杉、小叶南洋杉、塔形南洋杉、澳洲杉

【学名】*Araucaria cunninghamii Sweet.*

【科属】南洋杉科南洋杉属

【主要特征】常绿大乔木。高可达60米，胸径可达1米以上；树皮横裂，褐灰色；树形似塔，大枝斜伸或平展，侧生小枝互生，排列近羽状，下垂，叶二型，幼树和侧枝的针状叶排列疏松，开展，大枝及花果枝上的叶排列紧密而叠盖，斜上弯曲伸展；果椭球形，楔状倒卵形苞鳞，椭圆形种子，两侧具膜质翅。

【主要用途及生态贡献】是公园、校园、厂区单植或丛植的绿化观赏树种。

【地理分布】原产于大洋洲东南沿海地区，现在中国广东、福建、台湾、海南、云南、广西等地亦有分布。

3.马尾松

【又名】青松、山松、枞松

【学名】*Pinus massoniana Lamb.*

【科属】松科，松属

【主要特征】常绿乔木；高可达30米，胸径达1.5米；通直树干，斜展枝，树冠

圆球形；红褐色树皮鳞片状，枝条每年生长一轮（岭南地区两轮），卵状，圆柱形冬芽；细柔微扭曲针叶，犹如马尾，叶鞘宿存；3—5月开花，雄雌花单性同株；长卵形球果熟时栗褐色，种子具翅；球果次年冬天成熟。

【主要用途及生态贡献】1.马尾松松脂量丰富，可提制化工原料松香。2.松木可作为建筑模板、矿井支撑等的材料，用途多。3.马尾松还是一种极好的园林绿化树种，作为水土保持林亦甚相宜。

【地理分布】马尾松适生于华南、华中、西南、华北各地，分布极广。

4.湿地松

【又名】爱利松

【学名】*pinus elliottii.*

【科属】松科松属

【主要特征】常绿乔木；高可达45米，胸径可达2米；树干直，暗红褐色树皮纵裂成鳞片状剥落，无树脂；枝条每年生长多轮，粗壮小枝橙褐色；深绿色刚硬针叶2—3针一束；卵状球果3—4个聚生，有梗，种鳞张开，成熟后至次年脱落；灰黑色种子卵圆形，微具3棱，种翅易脱落；4—5月开花，球果次年10月成熟。

【主要用途及生态贡献】1.庭园、草地可成丛、成片栽植，亦可三两孤植作庇荫树及背景树。2.是一种良好的广谱性园林绿化树种，水土保持林亦甚相宜。3.还是很好的经济树种，松脂和木材的收益率都很高。

【地理分布】原产于美国东南部暖带低海拔潮湿的地区，适生于海拔200—600米的潮湿土壤。世界上的分布极其广泛，我国山东以南的大片地方均有栽植。

5.圆柏

【又名】刺柏、柏树、桧、桧柏

【学名】Juniperus chinensis.

【科属】柏科圆柏属

【主要特征】常绿乔木；高达25米，树形锥状，有鳞形叶的小枝近方形，幼树针形叶3叶轮生或交互对生，0.6—0.9厘米长，斜展，下延部分明显露出，上面有两条白色气孔带，大树交互对生鳞形叶，先端钝或微尖，排列紧密，背面近中部有椭圆形腺体；雌雄异株；球果熟时褐色，披白粉，直径约0.5厘米，内有1—4粒近球形种子。

【主要用途及生态贡献】园林绿化可作行道树、绿篱，还可制作盆景等。

【地理分布】中国北自内蒙古及沈阳以南，南至两广，西至四川、云南，东自滨海省份均有分布，日本、朝鲜也有分布。

6.侧柏

【又名】黄柏、香柏、扁柏、扁桧、香树、香柯树

【学名】*Platycladus orientalis* （L.）Franco.

【科属】柏科侧柏属

【主要特征】常绿乔木；高达20米，多分枝，小枝平扁，排列成1个平面；红褐色树皮呈鳞片状剥落；树冠广卵形，亮绿色细鳞片状，叶十字对生，紧贴于小枝上，前端尖，背有凹陷的腺体1个；雌雄同株，雄球花多生在下部的小枝上，球形无柄，雌球花生于上部的小枝上；球果卵圆形，披白粉，当年成熟，种鳞木质化，开裂，种子有棱脊；花期3月，果期9月；寿命长，可达数百年。

【主要用途及生态贡献】1.侧柏是常见的庭园绿化树种，因为耐干旱，常为阳坡造林树种。2.木材材质坚硬，可用于家具制作等。3.树叶、枝和种子均可入药，树叶、枝有解毒、散瘀、健胃、利尿之功效，种子有安神之功效。

【地理分布】侧柏为中国特产，除干旱的西北地区外，全国均有分布。已被选为北京市的市树。

7.罗汉松

【又名】土杉、罗汉杉

【学名】*Podocarpus macrophyllus* （Thunb.）D.Don.

【科属】罗汉松科罗汉松属

【主要特征】常绿高大乔木；树皮灰褐色，松散，浅纵裂成薄片状脱落；树枝密集，枝开展；叶片长披针形，革质，有光泽，沿枝茎螺旋状着生，微弯；腋生穗状雄球花2—5朵簇生，穗状雌球花单生叶腋，有梗；球形核果，熟时肉质假种皮紫黑色，被白粉，种子卵状圆形；花期4—6月，果期7—9月。

【主要用途及生态贡献】1.是名贵的绿化观赏树，多栽培于庭园。2.材质细致均匀，易加工，可作为文具、家具及农具等的材料。

【地理分布】分布于中国多省区，野生的树木极少。日本也有分布。

8.竹柏

【又名】罗汉柴、山杉、船家树、铁甲树、大果竹柏

【学名】Dacrycarpus imbricatus.

【科属】罗汉松科竹柏属

【主要特征】常绿乔木；高可达18米，树干直，树叶对生，革质，有并列的细脉，无明显中脉；花期3—4月，穗状圆柱形雄球花常呈分枝状，单生叶腋，雌球花亦单生叶腋；圆球形种子，果期10月。

竹柏源于中生代白垩纪，已在地球上生存了约1亿5500万年，被称为植物活化石，是中国国家二级保护植物。

【主要用途及生态贡献】1.竹柏有抗污染、净化空气和驱蚊的效果。2.其根、茎、叶及种子均可入药，有治疗外伤的功效。3.其木材是雕刻、家具等的优良用材。4.其树形美观，观赏价值较高，作为观赏树种被广泛应用于庭园、住宅小区、街道等地绿化。

【地理分布】我国南方各省均有栽培，日本亦有栽种。

9.榕树

【又名】细叶榕、万年青、榕树须

【学名】*Ficus microcarpa* Linn.f.

【科属】桑科榕属

【主要特征】常绿高大乔木；高达30米，胸径达2米；榕树冠幅广展，叶狭椭圆形，深绿色薄革质有光泽，全缘；灰色树皮，常有发达的褐色气根；雌花、雄花、瘿花同生于一榕果内；榕果为卵圆形瘦果，成对腋生或生于已落叶枝叶腋，成熟时黄色或微红色；在广东中山，花期可一年多次。

【主要用途及生态贡献】1.榕树气根、树皮和叶芽可作清热解表类药物。2.在广东南部，常见榕树一木成林的景观，可作公园绿化树。3.榕树耐污染，亦可作行道树。

【地理分布】高温多雨的东亚、东南亚、南亚、大洋洲等地均有分布。

10.印度榕

【又名】橡皮树、印度橡胶树、印度橡胶榕

【学名】*Ficus elastica* Roxb.

【科属】桑科榕属

【主要特征】常绿大乔木；高达30多米，胸径达2米；树干粗壮，常有发达的褐色气根；树皮灰白色，平滑；树叶长椭圆形，硕大肥厚，全缘，革质，光亮，成熟叶表面深绿色，背面浅绿色，幼叶棕红色，侧脉多，平行展出；雌花、雄花、瘿花同生于榕果内壁；瘦果卵状椭圆形，成对生于已落叶枝的叶腋，表面有瘤体，成熟时黄橙色，脱落后基部有一环状痕迹；秋季开花，冬季结果。

【主要用途及生态贡献】1.园艺上可做盆栽以供观赏。2.也可作公园绿化，独木成林。

【地理分布】在中国云南海拔800—1500米处有野生品种。产自不丹、锡金、尼泊尔、印度东北部（阿萨姆）、缅甸、马来西亚、印度尼西亚和中国南部等地。

11.垂叶榕

【又名】垂榕、白榕

【学名】*Ficus benjamina* L.

【科属】桑科榕属

【主要特征】常绿乔木。高可达20多米，胸径可达1米；灰色树皮平滑；树冠广阔，叶薄革质，卵状椭圆形；花期8—11月，雄花、瘿花、雌花同生于榕果内壁；卵状肾形瘦果，成熟时黄色。

【主要用途及生态贡献】1.垂叶榕可以净化空气，用作公园、行道绿化树种。2.树皮、气根、叶芽、果实均可入药，有清热解毒、凉血、祛风等功效。

【地理分布】广泛分布于东亚、东南亚、南亚等高温多雨的地区。

12.高山榕

【又名】马榕、鸡榕、大青树

【学名】*Ficus altissima.*

【科属】桑科榕属

【主要特征】常绿大乔木，高达32米，胸径2米；平滑灰色树皮；树冠广阔，厚革质两面光滑无毛，叶较大，广卵形，基部宽楔形，先端钝，全缘，基生侧脉5—7对；高山榕雄花、瘿花、雌花同生于榕果内壁，在广东省中山市花期一年可多次；榕果椭圆状卵圆形，成对腋生，果期一年多次。

【主要用途及生态贡献】1.高山榕四季常绿，树冠广阔，树姿丰满壮观，其抗污染，生性强健，是行道、公园绿化的优良树种。2.高山榕的根和枝柔软，韧性强，适宜各种造型，是盆景制作的好材料。

【地理分布】分布于高温多雨的东亚、东南亚、南亚、大洋洲等地。生于海拔100—1600米的山地或平原地区。

13.柳叶榕

【又名】长叶榕

【学名】*Ficus benjamina.*

【科属】桑科榕属

【主要特征】常绿高大乔木。其高可达20米，胸径可达2米，具褐色气根，皮孔明显；树冠宽大，枝叶茂盛，薄革质有光泽，披针形叶，叶柄细，先端尖，常下垂；雄花、瘿花、雌花同生于柳叶榕的瘦果内壁；瘦果球形，熟后黑色；花果期4—8月。

【主要用途及生态贡献】1.柳叶榕遮阴效果佳，是华南地区园林的代表树种之一。2.其具有吸烟滞尘、清洁空气的作用，是净化空气的优良树种。

【地理分布】产于亚洲高温多雨地区。我国东南部、南部各省（区）均有分布和栽培。

14.菠萝蜜

【又名】大树菠萝、波罗蜜、木菠萝、树菠萝

【学名】*Artocarpus heterophyllus* Lam.

【科属】桑科波罗蜜属

【主要特征】常绿乔木，树高10—20米，树皮黑褐色；叶革质，椭圆形，螺旋状排列；花雌雄同株，花序生老茎或短枝上，聚花果椭圆形至球形，或不规则形状，果实成熟时表皮呈黄褐色，表面有瘤状凸体和粗毛。花期2—3月，果期5—8月。

【主要用途及生态贡献】1.菠萝蜜是热带水果，果肉鲜食或加工成罐头、果脯、果汁等。2.种子富含淀粉，可煮食。3.树液和叶均可药用，对脑血栓及其他血栓所引起的疾病有一定的辅助治疗作用。4.菠萝蜜树形整齐优美，果奇特，抗污染，是优良的行道树。5.上百年的菠萝蜜树，可制作家具，也可作黄色染料。

【地理分布】原产印度南部。中国南部热带地区常有栽培。东南亚热带地区也有栽培。

15.桂木

【又名】红桂木、狗春树、狗囊树

【学名】*Artocarpus nitidus subsp.lingnanensis*（Merr.）Jarr.

【科属】桑科菠萝蜜属

【主要特征】常绿乔木；树高可达18米；树皮黑褐色，纵裂；树冠宽阔，革质叶互生，长圆状椭圆形，先端短尖或具短尾，基部近圆形或楔形，叶缘具不规则浅疏锯齿或全缘，嫩叶有乳汁。总花梗长0.2—0.4厘米。聚花果近球形，苞片宿存，表面粗糙被毛，果实成熟时肉质红色，味酸甜，群众喜欢采摘食用；核果。花期3—5月。

【主要用途及生态贡献】1.木材坚硬，纹理细微，可供建筑、家具等用材。2.果成熟时红色，可食用，常制成果酱，有清热开胃的功效。3.果、根可药用，具收敛止血等功效。4.树形美，抗污染，可作园林绿化使用。

【地理分布】生长于中海拔、湿润的杂木林中。分布于广东、海南、广西等地。泰国、柬埔寨、越南北部等也有栽培。

16.白兰

【又名】缅花、白兰花、缅桂花、天女木兰

【学名】*Micheli aalba* DC.

【科属】木兰科含笑属

【主要特征】常绿乔木，高达20米，呈阔伞形树冠；树皮灰色，枝广展；揉枝叶有芳香味；嫩枝及芽密被淡黄白色微柔毛，老时毛渐脱落；叶薄革质，长椭圆形或披针状椭圆形，上面无毛，下面疏生微柔毛，干时两面网脉均很明显。花白色，极香；花被片10片，披针形；花期4—9月，夏季盛开，但通常不结实。

【主要用途及生态贡献】1.是著名的庭园观赏树种，亦多栽为行道树。2.花可提取香精或熏茶，也可提制浸膏供药用。

【地理分布】原产于印度尼西亚爪哇岛，现广植于东南亚。中国东南部、南部等省区栽培极盛，长江流域各省区多做盆栽，在温室越冬。

17.黄兰

【又名】黄玉兰、黄缅桂、大黄桂、黄葛兰

【学名】*Michelia champaca* Linn.

【科属】木兰科含笑属

【主要特征】常绿乔木，高达10余米；枝斜上展，呈狭伞形树冠；芽、嫩枝、嫩叶和叶柄均被淡黄色的平伏柔毛。叶薄革质，披针状卵形或披针状长椭圆形，下面稍被微柔毛。花黄色，极香，花被片8—10片，倒披针形，长3—4厘米，宽0.4—0.5厘米；蓇葖倒卵状长圆形，长1—1.5厘米，有疣状凸起；种子2—4枚，有皱纹。花期6—7月，果期9—10月。

【主要用途及生态贡献】为著名的观赏树种，对有毒气体抗性较强。广植于亚洲热带地区，具有较高的观赏价值。

【地理分布】 分布于中国、印度、尼泊尔、缅甸、越南等。

18.荷花玉兰

【又名】广玉兰、洋玉兰、荷花木兰

【学名】*Magnolia Grandiflora* Linn.

【科属】木兰科木兰属

【主要特征】常绿高大乔木，高可达25米；树皮灰褐色，常见薄鳞片状开裂；小枝粗壮；小枝、芽、叶下面及叶柄均密被灰褐色短绒毛（幼树的叶下面无毛）；叶长椭圆形，全缘，肥厚、光滑，革质；白色肉质花，荷花状，花被片10—11片，芳香；蓇葖背裂，背面圆，果末端外侧具长喙；种子近卵圆形，外种皮红色，长约1.3厘米，直径约0.7厘米；花期春、夏季，果期秋、冬季。

【主要用途及生态贡献】1.供观赏，可作公园、道路绿化的优良树种。2.花含芳香油，可入药用。

【地理分布】原产于美洲，北美洲以及中国大陆的长江流域及其以南地区均有种植。

19.深山含笑

【又名】光叶白兰花、莫夫人含笑花

【学名】*Michelia maudiae* Dunn.

【科属】木兰科含笑属

【主要特征】常绿乔木，高20米。树皮浅灰色或灰褐色，平滑不裂。芽、幼枝、叶背均被白粉。叶互生，革质，全缘，深绿色，叶背淡绿色，长椭圆形，先端急尖。早春开花，单生于枝梢叶腋，花白色，有芳香，直径10—12厘米。聚合果7—15厘米，果期9—10月。种子红色。

【主要用途及生态贡献】1.树型美观，有较高的观赏价值，可作厂区、校园、公园、道路绿化，亦可作为山区的绿化树种。2.花、根均可入药，花具有散风寒、通鼻窍的功效，还可以行气止痛。根具有清热解毒、行气化浊、止咳的功效。

【地理分布】是中国特有物种，主要分布在浙江、福建、湖南、广东、广西、贵州等地。

20.乐昌含笑

【又名】南方白兰花、广东含笑、景烈白兰、景烈含笑

【学名】*Michelia chapensis* Dandy.

【科属】木兰科含笑属

【主要特征】常绿大乔木，高可达30米，胸径可达0.5米以上，树皮灰色至深褐色；叶薄革质，具光泽，倒卵形或长圆状倒卵形；花淡黄色，被片8—10片，倒披针形，具芳香，花期3—4月；聚合果卵圆形或长圆形，种子卵形或长圆状卵形。果期8—10月。

【主要用途及生态贡献】树荫浓郁，花香醉人，可孤植或丛植于园林中，亦可作行道绿化树。

【地理分布】原产于江西南部、湖南西部及南部、广东西部及北部、广西东北部及东南部。越南也有分布。

21.观光木

【又名】香花木、香木楠、宿轴木兰

【学名】Tsoongiodendron odorum.

【科属】木兰科观光木属

【主要特征】常绿大乔木，高达25米；树干直，树冠伞形，树形优美；小枝、芽、叶柄、叶背和花梗被棕色毛；树皮灰褐色，有皱纹；叶互生，叶片厚膜质，全缘，有光泽，表面绿色，倒卵状椭圆形，中上部较宽，叶末端钝，基部楔形，叶中脉被柔毛；花芳香，单生叶腋，花被片9—10片，狭倒卵状椭圆形，象牙黄色，带有紫红色小斑点，外轮3片最大，内两轮6—7片向内渐小，花丝红色，雌蕊群不伸出雄蕊群；聚合果大，长椭圆形；成熟时暗紫色。花期3月，果期10—12月。

【主要用途及生态贡献】1.可用于观光木，其木材结构细致，纹理直，易加工，是优良木材品种。2.观光木树形优美，常用于景区、庭园、行道等绿化用树，亦用于山地大面积造林等。

【地理分布】国家珍稀濒危二级保护植物。原产于我国南部海拔1000米以下的山地常绿阔叶林中。

22.火力楠

【又名】醉香含笑、火力兰、马氏含笑、楠木、棉花含笑

【学名】*Michelia macclurei* Dandy.

【科属】木兰科含笑属

【主要特征】常绿乔木，根系发达，高可达30米，胸径可达1米，树干直，枝叶繁茂，冠幅大，树形美；树皮灰白色，光滑不开裂；芽、嫩枝、叶柄、托叶及花梗均被褐色短毛；革质叶椭圆状倒卵形，上面初被短柔毛，后脱落无毛，下面被褐色平伏短毛；聚伞花序，花被片白色，倒披针形，通常9片，花开芳香；蓇葖果长圆形或倒卵圆形；种子1—3颗，扁卵圆形；花期春季，果期秋、冬季。

【主要用途及生态贡献】1.是建筑、家具的优质用材。2.其花芳香味浓，可提取香精油。3.其树冠宽广、伞状，整齐壮观，是美丽的庭园和行道树种，还可用于荒山造林等。

【地理分布】原产于中国广东东南部、海南、广西北部，越南北部也有分布。

23.樟树

【又名】木樟、乌樟、芳樟树、番樟、香蕊、樟木子、香樟

【学名】*Cinnamomum Camphora*（L.）Presl.

【科属】樟科樟属

【主要特征】常绿乔木，高达30米，树冠庞大，叶互生，卵形，薄革质，上面光亮，下面稍灰白色，脉腋有腺体。幼枝上腋生或侧生圆锥花序，花小，绿黄色。

球形浆果，成熟时黑紫色，果托浅杯状。初夏开花，秋末结果。

【主要用途及生态贡献】1.植物全株均有樟脑香气，可提制樟脑和提取樟油，香味可驱虫。2.木材坚硬美观，适宜制作家具、箱子。3.是山区绿化、公园行道绿化的优良树种。

【地理分布】广布于中国长江以南，以台湾为最多。

24.阴香

【又名】阴草、胶桂、土肉桂、假桂枝、山桂、月桂

【学名】*Cinnamomum burmanni*（Nees et T.Nees）Blume.

【科属】樟科樟属

【主要特征】常绿乔木，高达20余米，树冠圆锥形，树皮光滑，叶革质，互生或近对生，卵状长椭圆形，长5—12厘米，离基三出脉，脉液无腺体，背面粉绿色，无毛。圆锥花序，长3—6厘米。浆果卵形，果托边，具有6齿裂。花期3月，果期11月。

【主要用途及生态贡献】1.叶可作芳香植物原料，亦可入药（味辛，气香，能祛风），树皮可做调味品。2.果核亦含脂肪，可榨油供工业使用。3.此树可提供木材。4.常在园林行业作绿化树、行道树等。

【地理分布】产自亚洲东南部，中国南部亦有分布。

25.银桦

【又名】丝树、银橡树

【学名】*Grevillea robusta* A.Cunn.ex R.Br.

【科属】山龙眼科银桦属

【主要特征】大乔木，高可达20米；幼枝被锈色茸毛。叶为2回羽状深裂，裂片5—10对，披针形，长5—10厘米，两端均渐狭，第2次裂片全缘或再分裂，上面秃净而亮或薄被丝毛，背密被银灰色丝毛，边缘背卷。花呈黄色或红色，总状花序，花序单生或数个聚生于无叶的短枝上，长7—15厘米，多花，花柄长0.8—1.2厘米，极扩展或稍下弯，秃净，花被长约1厘米；子房秃净，具柄。花期5月。果卵状矩圆形，多少偏斜，长1.4—1.6厘米，宽0.6—0.8厘米，稍压扁，常冠以宿存的花柱。种子倒卵形，周边有翅。

【主要用途及生态贡献】可用作风景树和行道树。

【地理分布】分布于中国南部及西南部。

26.红花玉蕊

【又名】水茄苳、玉蕊

【学名】*Barringtoniaracemosa*（L.）Spreng.

【科属】玉蕊科玉蕊属

【主要特征】常绿乔木，树皮开裂；小枝粗壮，有明显的叶痕；顶芽基部有苞叶。叶常丛生枝顶，有柄，近革质，全缘，托叶小，早落。穗状花序，顶生，通常长而俯垂，总梗基部常有一丛苞叶；苞片和小苞片均早落；花芽球形；萼筒倒圆锥形，花开放时撕裂或环裂，裂片具平行脉；花瓣4片；华南地区6—8月花开多轮，热带地区花期几乎全年。果卵圆形，具多棱，外果皮稍肉质，中果皮多纤维或海绵质，内果皮薄；种子1颗；果实成熟后能随水漂浮传播种子；果期7—12月。

【主要用途及生态贡献】1.其树形漂亮，花形美丽，花期长，枝叶繁茂，且具有抗烟尘和抗有毒气体的作用，常用作绿化、美化树种。2.树皮纤维可做绳索，木材供建筑使用。3.根、果实均可药用，有退热的功效，果实还可以止咳等。

【地理分布】产自中国海南岛滨海林区。现广布于非洲、亚洲和大洋洲的热带高温多雨地区。

27.红花羊蹄甲

【又名】红花紫荆、洋紫荆、玲甲花

【学名】*Bauhinia blakeana* Dunn.

【科属】豆科羊蹄甲属

【主要特征】红花羊蹄甲是羊蹄甲与洋紫荆在野外天然杂交的产物；常绿乔木，树高达12米，树皮灰褐色；阔心形叶，纸质，长9—12厘米，宽略超过长，顶端二裂，叶状如羊蹄，故称"羊蹄甲"，叶片表面无毛，背面被短毛；总状花序或有时复合而呈圆锥花序状，顶生或腋生，花蕾纺锤形，花宽大，有花瓣5片，红紫色，倒披针形，均匀地轮生排列，花形如石斛兰，十分美观，有近似兰花的香气，故又被称为"兰花树"；花期长，12月至次年5月，通常不结果实。

【主要用途及生态贡献】1.终年常绿、茂盛，紫红色花大，花期长，盛开时满树繁英，抗污染能力强，是美丽的行道树种。2.树根、树皮和花朵还可以入药。

【地理分布】作为绿化、美化树种在世界低纬度、高温多雨地区广泛栽植。

28.台湾相思

【又名】台湾柳、相思树、相思子、洋桂花

【学名】*Acacia confusa Merr.*

【科属】豆科金合欢属

【主要特征】常绿乔木，高达16米，胸径达1米，树枝无毛，灰褐色，无刺，小枝纤细。叶革质、全缘、狭披针形。头状球形花序，顶生或簇生于叶腋，总花梗纤弱，长0.8—1厘米；金黄色花，有微香；果实扁平，荚果，干时深褐色，有光泽；种子扁椭圆形。花期冬季，果期次年春季。

【主要用途及生态贡献】1.台湾相思树是东南沿海地区城市绿化的重要树种。2.材质坚硬，树纹漂亮，可作为制作家具等的材料使用。3.树皮、花均可入药。

【地理分布】我国台、闽、粤、桂、琼、滇野生或栽培。东南亚菲律宾、印度尼西亚和大洋洲斐济等地亦有分布。

29.马占相思

【学名】*Acacia mangium.*

【科属】豆科金合欢属

【主要特征】常绿乔木，高可达20米，树干直，树型整齐，树皮粗糙，小枝有棱，生长迅速。叶状柄纺锤形，长12—15厘米，中部宽，两端收窄，纵向平行脉4条，穗状花序腋生，下垂；花淡黄白色，荚果扭曲。花期冬季，果期次年春季。

【主要用途及生态贡献】1.木材可作纸浆，木质坚硬可作人造板、家具等。2.树叶可制作饲料。3.树皮可提取栲胶。4.可作为行道绿化树的优良树种。

【地理分布】原产于澳大利亚、巴布亚新几内亚和印度尼西亚。我国海南、广东、广西、福建等省均有引种。

30.大叶相思

【又名】耳叶相思、耳果相思、耳荚相思

【学名】*Acacia auriculiformis* A.Cunn.ex Benth.

【科属】豆科金合欢属

【主要特征】常绿乔木，枝条下垂，树皮平滑，灰白色；叶片镰状长圆形，两端渐狭，穗状花序，簇生于叶腋或枝顶；花橙黄色；花萼顶端浅齿裂；花瓣长圆形，荚果成熟时旋卷，果瓣木质，种子黑色，围以折叠的珠柄。花期3月。

【主要用途及生态贡献】1.是城市绿化和改良土壤的主要树种之一。2.是优良的家具用材，亦可作为室内装饰和细木工用材使用。3.大叶相思是优良的制浆造纸原材料。

【地理分布】原产于澳大利亚北部及新西兰。中国广东、广西、福建等地均有引种。

31.海南红豆

【又名】红豆树、大萼红豆、羽叶红豆

【学名】*Ormosia pinnata*（Lour.）Merr.

【科属】豆科红豆属

【主要特征】常绿乔木，高8—10米，胸径0.3米。树皮灰色；奇数羽状复叶，小叶披针形，薄革质。顶生圆锥花序，花冠淡黄白色，花萼钟状。圆柱形荚果内有红色的种子1—4粒。花期7—8月，果期12月。

【主要用途及生态贡献】1.可作为行道树、园景树和庭荫树的优良树种。2.果实可作为项链、手链等工艺品的原材料。

【地理分布】原产于我国海南岛，现在我国高温多雨地区均有栽种。东南亚、泰国等地也有栽种。

32.南洋楹

【又名】仁仁树、仁人木

【学名】*Albizia falcataria*（Linn.）Fosberg.

【科属】豆科合欢属

【主要特征】常绿大乔木，树干通直，高可达45米，整个树冠高耸在周边树林顶层之上，亭亭如盖；嫩枝圆柱状或微有棱，被柔毛；叶为二回羽状复叶，羽片6—20对，上部的通常对生，下部的有时互生，小叶10—20对，无柄，长圆形，先端急尖，基部圆钝或近截形；穗状花序腋生，单生或数个组成圆锥花序，花淡黄色，花萼钟状，密被短柔毛，仅基部连合，花开时散发出淡淡的幽香。荚果黑褐色长条状；每个荚果有种子10多颗，花期5—8月。

【主要用途及生态贡献】1.是很好的速生树种，多种植为庭园树和行道树。2.木材适于制作一般家具。3.木材纤维含量高，是造纸、人造丝的优良材料。4.幼树树皮含有单宁，可提制栲胶。

【地理分布】原产于印尼及马六甲，现广植于热带各地。我国闽、粤、桂均有种植。

33.紫檀

【又名】青龙木、黄柏木、蔷薇木、花榈木、羽叶檀、印度紫檀

【学名】*Pterocarpus indicus* Willd.

【科属】豆科紫檀属

【主要特征】常绿高大乔木，树干挺拔笔直，高达25米，胸径达0.7米；树皮深棕色，深裂成长方形薄片，树皮受伤后溢出暗红色汁液；枝叶茂盛，奇数羽状复叶，羽片10—20对，互生，下垂，小叶互生，鹅蛋形，全缘，端部渐尖，基部呈圆形，两面无毛，叶脉细；圆锥花序顶生或腋生，多花，被褐色短柔毛，花萼钟状，花冠金黄色；荚果扁平，圆形，宽约5厘米；果内有1—2粒褐色种子，具有宽翅；花期4—6月，果期8—9月。

【主要用途及生态贡献】1.木材坚硬致密，心材红色，为名贵的家具、木雕用材料。2.树脂和木材可入药，对肿毒金疮出血有疗效。3.可作为热带地区的行道绿化树种。

【地理分布】原产于印度。世界热带季风、热带雨林气候区有栽种，我国南部台、粤、桂、滇高温多雨气候区均有种植。

34.吊瓜树

【又名】吊灯树、炮弹树

【学名】*Kigelia africana*（Lam.）Benth.

【科属】紫葳科吊灯树属

【主要特征】常绿乔木，高可达20米，胸径可达1米，树形优美。奇数羽状复叶交互对生或轮生，小叶长圆形或倒卵形，叶末端急尖，基部楔形，全缘，亮绿色叶面，光滑，近革质，背面淡绿色，被微柔毛，叶片羽状脉明显。圆锥花序生于小枝顶端，花冠橘黄色或褐红色，花序轴下垂，花大艳丽。果圆柱形，肥硕坚硬，状如炮弹，不开裂，垂吊于树枝，数量众多的种子镶于木质果肉内。花期春季，果期9—10月。

【主要用途及生态贡献】1.可作园林景观树，亦可作行道树。2.树皮可入药，对皮肤病有疗效。

【地理分布】原产于热带的非洲、马达加斯加。我国广东（广州）、海南、福建（厦门）、台湾、云南（西双版纳）等地均有栽培。

35.火焰木

【又名】火焰树、苞萼木

【学名】*Spathodea campanulata.*

【科属】紫葳科火焰树属

【主要特征】火焰木为常绿乔木，高达16米，胸径可达0.8米；树干直，树皮灰白色，树枝脆，易折断；冠幅大，树叶浓密，叶为对生奇数，羽状复叶，全缘，具有短柄小叶，长椭圆形；伞状总状花序，顶生，红色或橙红色，花冠钟形，盛开时如同熊熊燃烧的火焰，十分壮观。长椭圆形、披针形蒴果，近圆形种子具翅。花期4—8月，果期7—9月。

【主要用途及生态贡献】1.叶有药用价值，有清热解毒的功效。外敷可治疗疮疡肿毒等症。2.适宜作庭园树或行道绿化树。

【地理分布】原产于热带非洲，现在东南亚、我国南亚热带地区均有栽培。

36.柠檬桉

【又名】油加利树、尤加利树、靓仔桉

【学名】*Eucalyptus citriodora* Hook.f.

【科属】桃金娘科桉属

【主要特征】常绿高大乔木。树高达40米，胸径可达1米。光滑树皮灰白色，每隔一段时间片状脱落；叶片狭带状披针形，基部圆形，叶柄盾状着生，全缘，革质，叶搓揉有浓浓的柠檬气味；圆锥花序腋生，白色小花，花蕾长卵形；蒴果壶形，一年两次开花；春季开花，则果期秋季；秋季开花，则次年春季结果。

【主要用途及生态贡献】1.柠檬桉含有芳香类物质，可作为香料工业中的原料。2.木材可应用于工矿、建筑、交通、造纸等方面。3.适用于公共绿地的绿化种植。

【地理分布】原产于澳大利亚，中国华南及福建、四川等地均有栽培。

37.细叶桉

【又名】羊草果树、小叶桉

【学名】*Eucalyptus tereticornis* Smith.

【科属】桃金娘科桉属

【主要特征】常绿高大乔木，高达40米，胸径可达1米；树干直，树皮平滑，棕色，每隔一段时间片状脱落；纤细嫩枝圆形，下垂。幼叶长卵形；成熟叶片狭披针形，稍弯曲，具长1.5—2.5厘米叶柄；伞形花序，腋生，有花5—8朵，总梗粗壮；蒴果近壶形；花期4—9月，果期5—10月。

【主要用途及生态贡献】1.木材苍白，可供建筑、车辆、船舶、机械、枕木等用。2.树皮可提取单宁。3.叶含油量0.5%，还可提取香精油，用于医药和香料。4.开花时节是良好的蜜源。5.可作为绿化树种使用。

【地理分布】原产地在澳大利亚东部沿海地区，中国华南各地有60年以上的栽种历史。在中国广西、海南、福建和广东、贵州、云南等地均有栽种。

38.尾叶桉

【又名】速生桉

【学名】*Eucalyptus urophylla* S.T.Blake.

【科属】桃金娘科桉属

【主要特征】常绿高大乔木，原产地树高50米，胸径2米；树干通直圆满；树冠舒展浓密，树形漂亮；叶具柄，成熟叶末端呈尾状，叶脉清晰，侧脉稀疏平行，边脉不明显；圆锥花序腋生，花梗长15—20厘米，花5—7朵或更多；蒴果杯状，果成熟后暗褐色；果盘内陷，果瓣与果缘几乎平行，4—5裂。花期4—9月。

【主要用途及生态贡献】1.尾叶桉具有速生丰产，木材易漂白且得浆率高的特性，是优质纸浆用材树种。2.可作为装饰用树种，用于行道绿化。

【地理分布】原产于印度尼西亚东部，现世界各地低纬度地区广泛引种。在广东、广西、海南等地广泛栽培。

39.白千层

【又名】脱皮树、千层皮、玉树、白千层、玉蝴蝶

【学名】*Melaleuca leucadendron L.*

【科属】桃金娘科白千层属

【主要特征】常绿高大乔木，高18米；树皮灰白色，呈薄层状剥落；嫩枝灰白色。叶互生，披针形或狭长圆形，两端尖，香气浓郁；叶柄极短。花白色，密集于枝顶，成穗状花序，花序轴常有短毛；萼管卵形，有毛或无毛，圆形，卵形，花柱线形，比雄蕊略长。蒴果近球形，直径0.5—0.7厘米。花期每年可多次。

【主要用途及生态贡献】1.其树皮白色，较美观，并具芳香味，可作屏障树或行道树。2.其枝叶中可加工提炼出一种芳香油，作为医药用途。

【地理分布】原产于澳大利亚。中国广东、台湾、福建、广西等地均有栽种。

40.红千层

【又名】瓶刷子树、红瓶刷、金宝树

【学名】*Callistemon rigidus* R.Br.

【科属】桃金娘科红千层属

【主要特征】常绿乔木，树皮坚硬，灰褐色；嫩枝有棱，叶片坚，革质，线形，先端尖锐，叶柄极短。穗状花序生于枝顶；萼管略被毛，萼齿半圆形，近膜质。花瓣绿色，卵形，雄蕊长2.5厘米，鲜红色，花药暗紫色，椭圆形；花柱比雄蕊稍长，先端绿色，其余红色，花期6—8月。蒴果半球形，种子条状。

【主要用途及生态贡献】1.红千层树形优美，可作庭园、园林美化树种，还可做切花或盆景。2.其小叶芳香，可提炼香油。

【地理分布】中国台湾、广东、广西、福建、浙江等地均有栽培。

41.蒲桃

【又名】香果、风鼓、水葡桃、水石榴

【学名】*Syzygium jambos*（L.）Alston.

【科属】桃金娘科蒲桃属

【主要特征】常绿乔木，高达12米，胸径达0.4米。树皮光滑，褐色，主干短，分枝繁多；叶浓密，叶片长披针形，全缘，革质；顶生聚伞花序，花瓣阔卵形，白色，肉质，萼管倒圆锥形；果实球形，直径3—5厘米，果皮肉质，有特别的香味，果成熟时黄绿色；种子1—2颗，在果腔内可滚动，能摇出声音，因此被称为"响鼓"。蒲桃春季开花，果实夏季成熟。

【主要用途及生态贡献】蒲桃是良好的果树，果实可以食用。可以作为防风植物栽培，是湿润的热带地区的庭园绿化树。

【地理分布】原产于东南亚。中国海南地区有野生蒲桃，华南地区有人工栽培的蒲桃。

42.洋蒲桃

【又名】天桃、莲雾、琏雾、爪哇蒲桃

【学名】*Syzygium samarangense*（Bl.）Merr.et Perry.

【科属】桃金娘科蒲桃属

【主要特征】常绿乔木，高12米，通常无毛；树冠浓密，单叶对生，叶片薄革质，长圆形，先端稍尖，基部变狭，圆形或微心形，叶柄极短，有时近于无柄。聚伞花序顶生或腋生，有花数朵；花白色，萼管倒圆锥形；果实梨形，肉质，洋红色，表面有光泽，果实顶部凹陷，有宿存的肉质萼片，果可食用，糖分不高，清甜；果内有卵形种子1颗。花期3—4月，果期5—6月。

【主要用途及生态贡献】1.其果可供食用。2.其果可入药，有润肺、止咳、除痰、凉血、收敛的功效，可治疗多种疾病。3.可作为绿化树种。

【地理分布】原产于马来西亚及印度。中国广东、台湾及广西等地均有栽培。

43.海南蒲桃

【又名】乌墨树

【学名】*Syzygium hainanense* Chang et Miau.

【科属】桃金娘科蒲桃属

【主要特征】常绿乔木，高达10米。嫩枝圆形，叶片革质，椭圆形，上面干后褐色，下面红褐色，侧脉多而密，圆锥花序腋生或生于花枝上，花白色；浆果腋生，果实椭圆形或倒卵形，成熟时墨黑色，种子上下叠置，花期3—5月，果期6—9月。

【主要用途及生态贡献】1.该种木材材质好，是造船、建筑等的重要用材。2.适用于生态公益林的建造或建设或改造，是园林绿化的优良树种。3.果实可以食用，有香甜气味。

【地理分布】分布于中印半岛，马来西亚至印度尼西亚等；中国海南、云南、广西、广东、福建等地均有栽培。

44.水翁

【又名】水榕

【学名】*Cleistocalyx operculatus*（Roxb.）Merr.

【科属】桃金娘科水翁属

【主要特征】常绿乔木，高15米；灰褐色树皮粗厚，具纵裂纹，树干分枝多，嫩枝扁，有沟；对生叶片，薄革质，长圆形至椭圆形，全缘，先端急尖或渐尖，基部阔楔形，羽状脉较疏，腺点明显；聚伞花序生于无叶的老枝上，长6—12厘米，花无梗，2—3朵簇生，花蕾椭球形，萼管半球形，先端有短喙，花药卵形，纵裂；浆果阔卵圆形，成熟时紫黑色；种子种皮薄；花期5—6月。

【主要用途及生态贡献】1.绿化树种，用于湿地、河岸绿化。2.它的皮、叶、花都是药材，还具有很高的医疗价值，具有祛风、解表、消食等功效。

【地理分布】亚洲高温多雨地区均有分布。

45.盆架树

【又名】盆架子、黑板树、山苦常、马灯盆、面条树

【学名】*Winchia calophylla* A.DC.

【科属】夹竹桃科盆架树属

【主要特征】常绿乔木，高可达30米，直径达1米，树形美观；枝轮生，树皮灰黄色，受伤后流出的白色乳汁有毒；小枝绿色，嫩时棱柱形，具纵沟，老时呈圆筒形，落叶痕明显。叶3—4片轮生，小叶椭圆形，末端渐尖，呈尾状，薄草质叶面亮绿色，叶背浅绿色，无毛；花多朵组成稠密的聚伞花序，顶生，花冠圆筒形，淡绿色，内外均被毛，花开后有特别浓郁的气味，很多人不喜欢，被戏称为"臭屁树"；蓇葖果细长，未成熟时长线形如面条，又名面条树，种子长椭圆形，扁平，两端被棕黄色的缘毛。花期4—7月，果期9—12月。

【主要用途及生态贡献】1.木材适用于文具、小家具、木展等的材料。2.树形美观，公园及路旁均有栽培。3.花黄绿色，具有浓郁刺鼻的气味，空气中都是它的味道，其味道具有止咳平喘的功效。

【地理分布】原产于云南及广东、海南，印度、缅甸、印度尼西亚也有分布。

46.铁冬青

【又名】救必应、过山风、红熊胆

【学名】*Ilex rotunda* Thunb.

【科属】冬青科冬青属

【主要特征】亚热带常绿乔木，高可达15米，胸径可达1米；树皮灰色；小枝柱形，具纵棱，挺直，光滑无毛；树叶椭圆形，厚而密，叶薄革质，有光泽，全缘，叶面绿色，叶背淡绿色；聚伞花序，腋生或顶生于当年的小枝上，黄白色小花，气味芳香，雌雄异株；果球形，直径约0.4—0.6厘米，果由绿转黄再转红，熟时红色；花期4月，果期9—12月。

【主要用途及生态贡献】1.铁冬青树叶厚密，有很好的荫蔽效果。2.秋季时其红色的果实挂满枝头，十分可爱，观果期很长，是理想的园林观赏树种。3.叶及树皮均可入药，为中药的"救必应"，具有清热解毒等多种功效。

【地理分布】分布于东亚热带、亚热带海拔1100米以下的湿润、肥沃地区。

47.杜英

【又名】假杨梅、青果、野橄榄、胆八树、缘瓣杜英

【学名】*Elaeocarpus decipiens* Hemsl.

【科属】杜英科杜英属

【主要特征】常绿乔木，高可达15米，根系发达，树干坚实挺直，树皮黑褐色；其枝叶茂密，革质叶，披针形，边缘有小钝齿，叶柄初时有微毛，成熟后变秃净，霜后叶片红绿相间，甚为美丽。总状花序，腋生，花白色，萼片披针形，花瓣倒卵形，花药顶端无附属物；核果椭圆形，外果皮无毛，被白色果粉，内果皮坚骨质；核果，熟时紫色，种子一颗；花期6—7月，果期次年3月。

【主要用途及生态贡献】1.杜英是庭园观赏和街道绿化等的优良品种。2.种油可制作肥皂和滑润油。3.树皮可制染料。

【地理分布】分布于广西、广东、江西、福建、台湾、浙江等地；越南也有分布。

48.尖叶杜英

【又名】长芒杜英、毛果杜英

【学名】*Elaeocarpus apiculatus* Masters.

【科属】杜英科杜英属

【主要特征】常绿乔木，高可达20米，胸径达1米；树形尖塔状，树皮灰色，光

滑，树干直，板根发达；小枝被灰褐色柔毛，有圆形的叶柄遗留斑痕；叶形大，浓密，叶聚生于枝顶，革质，倒卵状披针形，状如枇杷叶，有微毛；总状花序生于枝顶叶腋内，花朵浓密，花开有香气；椭圆形核果被褐色茸毛，长3—3.5厘米，极像橄榄果，果核上面有很多沟纹；花期8—9月，果期在冬季。

【主要用途及生态贡献】是优良的木本花卉、园林风景树和行道树。

【地理分布】产于中国云南南部、广东和海南等地。

49.水石榕

【又名】水柳树、海南胆八树

【学名】*Elaeocarpus hainanensis* Oliver.

【科属】杜英科杜英属

【主要特征】常绿乔木，具假单轴分枝，树冠宽广；嫩枝无毛。叶革质，聚生于枝顶，狭披针形至倒披针形；总状花序腋生，花白色，倒卵形；核果纺锤形，花期6—7月。

【主要用途及生态贡献】庭园风景绿化树，也可做观赏盆栽。

【地理分布】中国海南、云南、广西等地以及越南均有分布。

50.橄榄

【又名】黄榄、青果、山榄、白榄、红榄、青子、谏果、忠果

【学名】*Canarium album*（Lour.）Raeusch.

【科属】橄榄科橄榄属

【主要特征】常绿乔木，高达30米，胸径可达1.5米；树干褐色；羽状复叶互生，小叶3—6对，对生，革质，侧脉12—16对，中脉发达；雄花花序为聚伞圆锥花序，雌花序为总状花序；果实纺锤形，成熟时黄绿色，外果皮厚，可食用，味先涩后回甘，颇受人们喜爱；果核硬，两端尖，核面粗纹；花期4—5月，果期10—12月。

【主要用途及生态贡献】1.橄榄树形美，是很好的绿化树种。2.木材可制作家具、建筑用材料，还可造船、枕木等。3.橄榄果可加工成多种凉果，亦可药用，具清热解毒、生津止渴、利咽化痰、除烦醒酒之功效。4.榄核可供雕刻。5.种仁可榨油。

【地理分布】中国粤、桂、滇、闽、台等地区均有栽培。越南北部至中部，日本（长崎、冲绳）及马来半岛亦均有栽培。

51.乌榄

【又名】油橄榄

【学名】*Canarium pimela* K.D. Koenig.

【科属】橄榄科橄榄属

【主要特征】常绿乔木，高达20米，胸径达0.45米。树干笔直。树冠伞形。单数羽状复叶互生，长0.3—0.6米，小叶4—6对，矩圆形或卵状椭圆形，长6—17厘米，宽2—7.5厘米，基部偏斜，全缘，纸质至革质，先端渐尖，上面网脉明显，下面平滑。圆锥花序顶生或腋生，长于复叶；萼杯状，3—5裂；花瓣3—5；雄蕊6，着生于花盘边缘。核果卵圆形至椭圆形，两端钝，果成熟时紫黑色。花期4—5月，果期10—12月。

【主要用途及生态贡献】1.果可生食；果肉是"榄角"（或称"榄豉"）的腌制材料。2.榄仁为菜肴配料佳品。3.种子可供榨油，乌榄油为上等食用油。4.亦可用作化工原料。5.叶、果、根均可入药，用于感冒、上呼吸道发炎、肺炎、多发性疖肿等症的治疗。6.可用作公园绿化的优良树种。7.其木材灰黄褐色，材质颇坚实，用途与橄榄同。

【地理分布】原产于广东、广西、海南、云南；生长于海拔1280米以下的杂木林内。越南、老挝、柬埔寨各地均常年栽培。

52.苹婆

【又名】凤眼果、富贵果

【学名】*Sterculia nobilis* Smith.

【科属】梧桐科苹婆属

【主要特征】常绿乔木，高达15米，根系发达；叶革质，光亮，长椭圆形，全缘，硕大，枝繁叶茂；初夏开花，圆锥花序下垂，无花冠，花萼粉红色，小而柔弱状，恰似一串串粉色珍珠，甚为漂亮；成熟蓇葖果卵形，末端具喙，果实表皮暗红色，一个果实分为四五个分果，果壳里面2—4粒黑色种子，种子形如凤眼，故称"凤眼果"，剥开黑色种子外壳，里面是黄白色的果仁，果仁煮熟后可食用，松软香糯；花期4—5月，果期7—8月，但在10—11月有少数植株开第二次花。

【主要用途及生态贡献】1.中国广东以南常作为庭园树种植。2.其木材轻韧，可制各种器具。3.其种子可供食用，种子煨熟的味道如栗子。

【地理分布】原产于中国、印度、越南、印度尼西亚等地。

53.假苹婆

【又名】鸡冠木、赛苹婆、鸡冠皮

【学名】*Sterculi alanceolata* Cav.

【科属】梧桐科苹婆属

【主要特征】常绿乔木，高达10米，树冠浑圆；枝叶茂盛，小枝幼嫩时被毛，单叶对生，革质叶椭圆状披针形，叶形小，叶缘全缘，顶端急尖，基部近圆形，叶柄长2—3厘米；圆锥花序，腋生，小花淡红色，五星状，密集且多分枝，花萼5枚；蓇葖果鲜红色，长椭圆形，顶有喙，基部渐狭，果壳被短柔毛，成熟时开裂；其果有卵状黑褐色种子5—7颗，种子小。花期4—6月。

【主要用途及生态贡献】1.果实可食用。2.是一种很好的行道绿化树。

【地理分布】我国南部高温湿润地区均有分布，缅甸、泰国、越南、老挝也有分布。

54.石栗

【又名】烛果树、油桃、黑桐油树

【学名】*Aleurites moluccana*（L.）Willd.

【科属】大戟科石栗属

【主要特征】常绿乔木，高可达1米，树冠近圆锥塔形；树皮暗灰色，有显著的皮孔，浅纵裂至近光滑；嫩枝、幼叶及花序均被灰褐色星状柔毛；无板根；深根性；叶互生，纸质，卵形，叶宽大，末端渐尖，基部钝形，全缘或浅裂，密被星状微柔毛，顶端有2枚扁圆形腺体，叶柄长6—12厘米，基出脉明显；花雌雄同株，同序或异序，花序长15—20厘米，花白色。核果近球形或稍偏斜的圆球状，长约5厘米，直径5—6厘米，肉质果被灰棕色星状鳞毛；花期4—6月，果期10—11月。

【主要用途及生态贡献】1.种子药用，有活血、润肠的功效。2.其对多种有害气体有较强的抗性，是优良的行道绿化树种。

【地理分布】原产于马来西亚及夏威夷群岛，大多数热带国家均有种植。中国广东、海南、广西及云南等地也有栽培。

55.秋枫

【又名】万年青树、茄冬、秋风子、大秋枫、乌杨、赤木

【学名】*Bischofia* javanica.

【科属】大戟科秋枫属

【主要特征】常绿乔木，高达40米，胸径可达2米，树干圆而直，树皮棕褐色，根系发达，抗风性强；三出复叶，互生，小叶纸质，卵形，先端渐尖，基部楔形，边缘有浅锯齿，幼时叶脉被柔毛，老无毛；花小，单性，雌雄异株；圆锥花序腋生；花淡绿色，无花瓣；萼片5，覆瓦状排列；雄花雄蕊5，退化子房盾状；雌花子房8或4室，花柱3，不分裂；果实浆果状，球形，大如豌豆，褐色或淡红色；种子长圆形，胚乳肉质。花期4—5月，果期8—10月。

【主要用途及生态贡献】1.适宜作庭园树和行道树种植。2.其木材红褐色，可作建筑、家具、枕木等用料，用途非常广泛。3.其种子可炼油，作润滑油使用。4.其叶可作绿肥。5.其根及树皮可入药，用于风湿骨痛等症的治疗。

【地理分布】我国亚热带以南多雨地区均有分布。越南、印度、日本、印尼至澳大利亚也有分布。

56.杧果

【又名】檬果、庵罗果、俗称"芒果"

【学名】*Mangifer*a indica.

【科属】漆树科杧果属

【主要特征】常绿大乔木，高达20米，革质叶，聚生在枝顶，互生，长披针形；圆锥花序，顶生，小花黄色或淡黄色，杂性；核果大，歪卵形，长10厘米，宽5厘米，成熟时黄色，味香甜多汁（亦有奇酸品种），种子存于木质坚硬核内；花期1—2月，果期6—8月。

【主要用途及生态贡献】1.观果植物，可作绿化树种。2.其树皮与树叶可制黑色染料。3.其果肉可食用，甜美多汁，有治晕呕、敷火伤、烫伤的功效。4.咀嚼其叶子可修复牙龈，叶子的灰可治灼伤等。

【地理分布】原产地为印度、缅甸一带。我国南方高温多雨地区均引进栽培。

57.扁桃

【又名】天桃木酸果

【学名】*Mangifera persiciformis* c.y.Wu.

【科属】漆树科杧果属

【主要特征】常绿乔木植物，高达20米，树形美；革质叶聚生在枝顶，互生，叶子窄小，长披针形；圆锥花序，小花黄色或淡黄色；核果呈椭圆形，果实较小；花期3—4月，果期7—8月。

【主要用途及生态贡献】1.适宜作庭园树、行道树。2.果树。

【地理分布】我国南方高温多雨地区均有栽培。

58.人面子

【又名】人面树、银莲果

【学名】*Dracontomelon duperreanum* Pierre.

【科属】漆树科人面子属

【主要特征】常绿大乔木，高可达25米，胸径达1.5米，有板根，抗风性强；叶为奇数羽状复叶，长0.30—0.45米；小叶5—7对，互生，长圆形，长5—14厘米，先端渐尖，基部偏斜，两侧不等，全缘；顶生圆锥花序，花序短；小花淡黄色，花梗短，被微柔毛，花期5—6月；核果扁球形，长2厘米，直径2.5厘米，成熟时黄色；核为骨质，表面凹陷，形如人面，7—8月成熟。

【主要用途及生态贡献】1.是庭园绿化的优良树种，也适合作行道树。2.是药用植物，其果实、根皮、叶均可入药，主治食欲缺乏、热病口渴、醉酒、咽喉肿痛、风毒疮痒等症。

【地理分布】原产于云南（东南部），广西、广东、海南亦有引种栽培。越南也有分布。

59.非洲桃花心木

【又名】非洲楝、卡雅楝

【学名】（*Khaya spp*），*Khayas enegalensis*（Desr.）A.Juss.

【科属】楝科非洲楝属

【主要特征】高大常绿乔木，高可达30米以上，胸径可达2米以上，树干粗壮，根深抗风，树皮褐色，平滑或呈斑驳鳞片状；树冠阔卵形，叶为偶数羽状复叶，小叶互生，3—4对，深绿色长椭圆形，光滑无毛，全缘，革质，长7—13厘米，宽3—5厘米，腋生圆锥花序，花黄白色；木质蒴果，卵形，种子具翅；花期5—6月，果期9—10月。

【主要用途及生态贡献】1.用作庭园绿化树和行道树。2.生长较快，木材花纹漂亮，可制作家具。

【地理分布】原产于西非和南非的热带雨林地区。现在中国的云南、广西、广东、海南亦有引种栽培。

60.龙眼

【又名】桂圆、三尺农味、益智、牛眼

【学名】*Dimocarpus longan* Lour.

【科属】无患子科龙眼属

【主要特征】常绿乔木，高可达30多米；棕褐色树干，粗壮，小枝被柔毛；偶数羽状复叶，小叶长圆状椭圆形，4—5对，薄革质，表面深绿色，有光泽，背面淡绿色，两面无毛，叶柄长；复总状圆锥花序，大型，多分枝，顶生；花梗纤细，长，花瓣乳白色，龙眼花是优质蜜源。果近球形，果皮通常青褐色，外面稍粗糙，有微凸的小瘤体；种子茶褐色，光亮，全被肉质的假种皮包裹，形似龙（牛）的眼睛，故名"龙（牛）眼"，假种皮（果肉）白色，浓甜，营养丰富，深受人们喜爱。花期春、夏季，果期夏末。

【主要用途及生态贡献】1.是中国南部和东南亚的著名果树，其假种皮甘甜，营养丰富，富含糖分、维生素和蛋白质等。2.其花、叶、果、果壳、核均可入药。3.其木材坚硬，木纹漂亮，可制家具。4.可作公园和行道绿化的优良树种。

【地理分布】我国南方高温多雨地区均有栽培，以广东最盛，海南次之，云南及广西南部亦有栽培。马来西亚、泰国等地也有栽培。

61.荔枝

【又名】荔支、丽枝、离枝、火山荔

【学名】*Litchi chinensis* Sonn.

【科属】无患子科荔枝属

【主要特征】常绿乔木，高不超过15米，根系发达，有菌根（幼根常与真菌共生，形成内生菌根）；树干粗大，树皮灰褐色，树冠广阔，小枝圆柱状，褐红色，密生白色皮孔；叶浓密，为偶数羽状复叶，小叶2对或3对，薄革质，叶全缘，卵状披针形，叶柄长；复总状圆锥花序，顶生，大多分枝，花梗纤细；果，球形，皮有鳞斑状突起，幼时绿色，成熟时紫红至鲜红色；种子小，光亮，茶褐色，全被肉质的假种皮（果肉）包裹，果肉新鲜时半透明凝脂状，可食用，味酸甜，多汁，但保质期较短。花期春季，果期夏季。

【主要用途及生态贡献】1.南国四大果品之一。2.公园绿化的优良树种。

【地理分布】我国南方高温多雨地区均有栽培，以广东种植最多，海南次之，云南及广西南部也有栽培。东南亚、非洲、美洲和大洋洲也有引种的记录。

62.人心果

【又名】吴凤柿、赤铁果、奇果

【学名】*Manilkara zapota*（Linn.）van Royen.

【科属】山榄科铁线子属

【主要特征】常绿乔木，高可达20米，树干褐色，平滑，小枝茶褐色，有明显的叶痕。革质叶，互生，密聚于枝顶，长圆形或卵状椭圆形。花1—2朵，生于枝顶叶腋，密被黄褐色或锈色绒毛，花萼外轮3裂片，长圆状卵形，花冠白色，先端具不规则的细齿。浆果心形、纺锤形；种子扁，褐色光亮。花果期4—9月。

【主要用途及生态贡献】1.是营养价值很高的一种水果。2.树皮含植物碱，对热症有功效。3.是庭园绿化的优良树种。

【地理分布】原产于美洲热带地区，中国广东、广西、云南（西双版纳）均有栽培。

63.柚

【又名】文旦、香栾、朱栾、内紫等

【学名】*Citrus maxima*（Burm）Merr.

【科属】芸香科柑橘属

【主要特征】常绿乔木，高8米，多数品种枝干带刺；革质，叶厚，色浓绿，阔卵形或椭圆形，小翼叶相连，个别品种翼叶甚窄或缺失；总状花序，有时兼有腋生单花，花蕾淡紫红色，稀乳白色，花极芳香；柑果圆球形，扁圆形，梨形、阔圆锥状等，果实大小不等，果皮甚厚，海绵质，内为瓢囊多片，不同品种的柚果瓢囊汁包颜色不同，有白色、淡黄色、粉红色等；瓢囊内有种子十多颗，亦有无子品种，种子形状不规则，通常近盾形；花期4—5月，果期9—12月。

【主要用途及生态贡献】1.是优质水果，果肉含糖分、维生素C较高。有消食、解酒等功效。2.是庭园绿化的优良树种。

【地理分布】中国亚热带温暖湿润的地区均有栽培。东南亚各国亦有栽种。

64.黄皮

【又名】黄弹、黄弹子、黄段

【学名】*Clausena lansium*（Lour.）Skeels.

【科属】芸香科黄皮属

【主要特征】常绿小乔木，高可达13米。幼枝、叶、叶柄均被短毛，具香味；单数羽状复叶，小叶卵状椭圆形，两侧不对称；聚伞状圆锥花序顶生，花蕾圆球形，花萼裂片阔卵形，花芳香，花瓣长圆形，花白色；浆果淡黄至暗黄色，果肉乳白色，半透明，味酸甜，种子3—4粒；花期4—5月，果期7—8月。

【主要用途及生态贡献】1.是岭南佳果之一。2.其果、果核及根均可入药，对咳嗽有功效。3.是庭园绿化的优良树种。

【地理分布】不耐寒，中国南亚热带及以南温暖湿润的地区均有栽培。东南亚各国亦有引种。

65.沉香树

【又名】土沉香、香材、白木香、牙香树、女儿香、栈香、青桂香

【学名】*Aquilaria sinensis*（Lour.）Spreng.

【科属】瑞香科沉香属

【主要特征】常绿乔木，幼枝有稀疏柔毛；卵形叶片互生，革质，有光泽，先端短，渐尖，叶缘全缘；伞形花序，腋生或顶生，花淡黄绿色，气味芳香，花萼浅钟状；木质蒴果倒卵形，长2.5—3厘米，幼时绿色，熟时褐色，种子基部有长约2厘米的尾状附属物；花期夏季，果期秋季。

【主要用途及生态贡献】1.沉香树属国家二级保护植物，其树脂及花均可制作香料，极其珍贵。2.其木材质地坚硬、油脂饱满的沉香还是上等的雕刻用材料。3.是公园、庭园绿化的优良树种。

【地理分布】分布于广东、海南、广西等热带地区。

66.女贞

【又名】冬青、蜡树、女桢、桢木、将军树、女贞

【学名】*Ligustrum* lucidum.

【科属】木樨科女贞属

【主要特征】常绿乔木，高达15米，树冠呈卵形，树皮灰褐色，相对平滑，大枝开展，小枝无毛，叶对生，革质，卵状披针形，长6—12厘米，深绿色，顶生圆锥花序，花白色，芳香。核果肾形，深蓝黑色，成熟时呈红黑色，被白粉；花期5—7月，果期7月至次年5月。

【主要用途及生态贡献】1.是常用观赏树种，在园林绿化中应用较多。2.其果实成熟晒干后为中药女贞子，具有降血脂及抗动脉硬化、降血糖、抗肝损、升高外周白细胞数、抗炎、抗癌、抗突变等作用，药用价值大。

【地理分布】我国的华南、西南各省区均有分布。印度、尼泊尔也有栽培。

67.木荷

【又名】荷木、木艾树、何树、柯树、木和、回树、木荷柴

【学名】*Schima superba* Gardn.et Champ.

【科属】山茶科木荷属

【主要特征】常绿高大乔木，高可达30米，胸径可达0.8米；树干直，树冠广卵形，树形优美，树皮灰褐色；枝繁叶茂，枝通常无毛，互生单叶，薄革质，光滑无毛，叶片椭圆形，先端尖，基部楔形，叶脉在两面明显，边缘有钝齿；花生于枝

顶，叶腋，总状花序，白色，具芳香，花形似荷花，故名木荷。蒴果扁球形，熟时黄褐色，木质五裂；种子扁平。花期6—8月。

【主要用途及生态贡献】1.木荷是一种优良的绿化、用材树种。2.树叶含鞣质，可以提取单宁，用于医疗卫生行业。

【地理分布】浙江、福建、台湾、江西、湖南、广东、海南、广西、贵州等地均有分布。

68.幌伞枫

【又名】大蛇药、五加通

【学名】*Heteropanax fragrans*（Roxb.）Seem.

【科属】五加科幌伞枫属

【主要特征】常绿乔木，高5—30米，胸径0.7米，树皮淡灰棕色，枝无刺。叶大，3—5回羽状复叶；小叶片在羽片轴上对生，纸质，椭圆形，两面均无毛，边缘全缘。圆锥花序顶生，长约0.2—0.3米；花淡黄白色，芳香；萼有绒毛；花瓣5，卵形，长约0.2厘米，外面疏生绒毛。果实卵球形，略扁，黑色。花期10—12月，果期次年2—3月。

【主要用途及生态贡献】1.根皮可治烧伤、疖肿、蛇伤及风热感冒，髓心利尿。2.树冠圆整，可作为庭院风景树栽培。

【地理分布】中国、印度、不丹、锡金、孟加拉国、缅甸和印度尼西亚均有分布。

69.木麻黄

【义名】马毛树、短枝木麻黄、驳骨树

【学名】*Casuarina equisetifolia* Forst.

【科属】木麻黄科木麻黄属

【主要特征】常绿乔木，高达30米，大树树干通直，直径达0.7米；树冠狭长圆锥形；枝红褐色，有密集的节；鳞片状叶每轮通常7枚，少为6枚或8枚，披针形或三角形，棒状圆柱形，有覆瓦状排列、被白色柔毛的苞片；小苞片具缘毛；花雌雄同株或异株，花药两端深凹入；球果状果序，椭圆形，小苞片变木质，阔卵形，小坚果连翅长0.6厘米，4—5月开花，7—10月结果。

【主要用途及生态贡献】1.木麻黄耐干旱、耐盐碱、抗风沙，因此成为热带海岸绿化的优良树种。2.木材可作枕木、船底板及建筑用材。3.树皮、枝叶可入药，用于疝气、寒湿泄泻、慢性咳嗽等的治疗。4.幼嫩枝叶可作为牲畜饲料。

【地理分布】我国东南沿海地区广泛栽植。世界低纬度沿海地区亦广泛栽植。

第二章

落叶乔木

70.落羽杉

【又名】落羽杉、落羽松

【学名】*Taxodium distichum*（L.）Rich.

【科属】杉科落羽杉属

【主要特征】落叶乔木，高可达50米，胸径可达2米；树干圆满通直，伞状卵形树冠，干基通常膨大，常有屈膝状的呼吸根；树皮棕色，裂成长条片脱落；叶条形，羽状扁平，先端尖，上面中脉凹下，淡绿色，下面黄绿色或灰绿色，凋落前变成暗红褐色；雄球花卵圆形，在小枝顶端排列成总状花序状或圆锥花序状；球果幼时绿色，被白粉，熟时淡褐黄色，种鳞木质，种子不规则三角形，具棱，黑褐色；球果冬季成熟。

【主要用途及生态贡献】1.是优美的湿地公园、近水道路等的绿化树种。2.木材可作建筑、杆、船舶、家具等的材料。

【地理分布】世界各地均有引种。中国广州、杭州、上海、南京、武汉等地均引种栽培。

71.水杉

【又名】水桫

【学名】*Metasequoia glyptostroboides* Hu & W.C.Cheng.

【科属】杉科水杉属

【主要特征】落叶乔木，高可达50米，树干通直，小枝对生，下垂；叶条形，交互对生，假二列成羽状复叶状，长1—2厘米；雌雄同株；球果下垂，近球形，有长柄，球果幼时绿色，熟时淡褐黄色，种鳞木质，盾形，每种鳞具5—9个种子，种子扁平，周围具窄翅。

【主要用途及生态贡献】1.木材材质轻软，可供建筑、板料、造纸等用。2.树姿优美，为湿地公园等地的绿化观赏树种。

【地理分布】我国北京以南各地均有栽培。

72.水松

【又名】梳子杉

【学名】*Glyptostrobus pensilis*.

【科属】柏科水松属

【主要特征】落叶乔木，高8—10米，偶有高达25米的，生于湿润环境，树干基部膨大成柱槽状，并且有伸出土面或水面的吸收根，柱槽高达0.7米多，干基直径达0.6—1.2米，树干有扭纹。生于多水立地时树干基部膨大，常呈柱槽状，幼苗时期主根发达，10多年后主根停止生长，侧根发达，种子在天然状态下不易萌发。花期2—3月，果期9—10月。

【主要用途及生态贡献】1.木材可作建筑、桥梁、家具等用材。2.根部可做救生圈、瓶塞等软木用具。3.根系发达，可栽于河边、堤旁，作固堤护岸和防风之用。4.树形优美，可做湿地公园等地的绿化树种。

【地理分布】为中国特有树种，主要分布在广州珠江三角洲和福建中部及闽江下游海拔1000米以下的地区。

73.银杏

【又名】白果、公孙树、鸭脚树、蒲扇

【学名】*Ginkgo bilobaL.*

【科属】银杏科、银杏属

【主要特征】落叶乔木，高达40米。雌雄异株，雄株枝条斜展，雌株枝条开展，分长枝和短枝。叶在长枝上呈螺旋状散生，在短枝上呈簇生状；叶片扇形，上部呈波状，有长柄。球花单性，雄球花呈柔荑状，4—6朵花生于短枝顶端；雌球花也生于短枝，每枝生2—3朵花。种子核果状，倒卵形或椭圆形，熟时黄色如杏。花期4—5月，果期9—10月。

【主要用途及生态贡献】1.是理想的园林绿化、行道树种。2.银杏果仁可食用，且具有祛痰、止咳、润肺、定喘等医疗保健作用，但大量进食后可引起中毒。3.银杏木材是制作乐器、家具的高级材料。

【地理分布】银杏原产中国，现在温带、亚热带湿润地区均有大量分布。在我国，北达辽宁省沈阳，南至广东省的广州，东至台湾省的南投，西抵西藏自治区的昌都，22个省（自治区）和3个直辖市均有分布。

74.麻楝

【又名】阴麻树、白皮香椿

【学名】*Chukrasia tabularis* A.Juss.

【科属】楝科麻楝属

【主要特征】落叶乔木，高可达25米，挺拔高大，树冠整齐；树干粗壮，老茎树皮纵裂，幼枝红褐色，枝叶繁茂，叶通常为偶数羽状复叶，叶片宽大，叶柄圆柱形，小叶纸质，互生，长圆状披针形，先端渐尖，基部圆形，两面均无毛或近无毛；圆锥花序顶生，苞片线形，早落，花有香味，花梗短，萼浅杯状，裂齿短而钝，花瓣黄色；蒴果灰黄褐色，近球形或椭圆形；种子扁平，椭圆形；花期4—5月，果期7月至次年1月。

【主要用途及生态贡献】1.为建筑、造船、家具等的良好用材。2.是行道绿化树种。

【地理分布】分布于中国、东南亚、南亚高温多雨的地区。

75.楝树

【又名】紫花树、苦楝

【学名】*Melia azedarach* L.

【科属】楝科楝属

【主要特征】落叶乔木。高达20米。叶互生，2—3回奇数羽状复叶；小叶对生，卵形或披针形，锯齿粗钝；老叶无毛。花两性，有芳香，淡紫色，腋生圆锥花序。核果椭圆形或近球形，熟时为黄色。种子黑色，数粒。花期4—5月，果期9—10月。

【主要用途及生态贡献】1.木材可做家具、农具等。2.花可提炼芳香油；3.叶、种子和根皮均可入药。4.树形美，花朵清香淡雅，又抗二氧化硫等污染，可作行道树、观赏树和沿海地区的造林树种。

【地理分布】广泛分布于我国热带、亚热带温暖湿润的省区。

76.大叶榕

【又名】黄桷树、大叶榕树、马尾榕、雀树、黄葛树

【学名】*Ficus virens Ait.var.sublanceolata*（Miq.）Corner.

【科属】桑科榕属

【主要特征】落叶大乔木，高达20米，胸径达3—5米。板根延伸达10米外，抗风效果好。叶互生，叶柄长2.5—5厘米；托叶呈广卵形，急尖，长5—10厘米，叶片纸质，长椭圆形或近披针形，先端短渐尖，基部钝或圆开，全缘。隐形花，果期8—11月，果生于叶腋，球形，黄色或紫红色。

【主要用途及生态贡献】1.园林应用中栽植于公园湖畔、草坪、河岸边、风景区以及学校等，也可用作行道树。2.木材可做农具等的材料。3.茎皮纤维可代黄麻，编绳。

【地理分布】我国高温、湿润、低纬度地区均有分布。国外低纬度地区亦有分布。

77.菩提树

【又名】神圣的无花果

【学名】*Ficus religiosa* L.

【科属】桑科榕属

【主要特征】落叶大乔木，幼时可附生于其他树上，高达15—25米，胸径可达1米，树皮灰白色，单叶互生，深绿色革质，三角状卵形，基生叶脉三出，侧脉5—7对；叶柄纤细，隐形花，花柱纤细，柱头狭窄，榕果扁球形，成熟时红色。花期3—4月，果期5—6月。

【主要用途及生态贡献】1.寺院及行道绿化树种。2.菩提树枝干上流出的乳状汁液，可提出硬性橡胶。3.枝叶可作象、牛等的饲料。4.木材心、边材宜做砧板、包装箱板和纤维板的原料。5.菩提树是治疗多种疾病的传统中医药，可发汗、镇痉，并有解热之效。

【地理分布】分布在中国广东沿海岛屿、广西、云南北至景东，海拔400—630米的地区，多为栽培品种。日本、马来西亚、泰国、越南、不丹、锡金、尼泊尔、巴基斯坦及印度也有分布，多属栽培品种，但喜马拉雅山区，从巴基斯坦拉瓦尔品第至不丹均有野生品种。

78.桑树

【学名】*Morus alba* Linn.Sp.

【科属】桑科桑属

【主要特征】落叶乔木，高可达15米，胸径可达1米。树冠呈倒卵圆形；叶卵形或椭圆形，先端渐尖，基部圆形或心形，边缘有粗钝锯齿，幼树之叶常有浅裂、深裂，脉腋簇生毛，叶面鲜绿色，无毛，背面沿脉有疏毛；花单性，雌雄异株；雌、雄花序均排列成穗状柔荑花序，腋生；聚花果（桑椹，桑果）紫黑色、淡红或白色，卵状椭圆形，多汁味酸甜；花期4月，果期5—7月。

【主要用途及生态贡献】1.为城市绿化的先锋树种。2.桑树的叶、枝、果穗可以用来饲蚕、食用、酿酒。3.木材、枝条等可用来编筐、造纸和制作各种器具等。4.桑叶、根、皮、嫩枝、果穗、木材等是治疗风热感冒、肺热咳嗽、肝阳头痛、眩晕、目赤昏花、血热出血及盗汗等症状的良药。

【地理分布】中国中部，现南北各地均广泛栽培。

79.朴树

【又名】黄果朴、白麻子、朴、朴榆、朴仔树、沙朴

【学名】*Celtis sinensis* Pers.

【科属】榆科朴属

【主要特征】落叶乔木，高达15米；树冠扁球形，灰色树皮平滑，幼枝被短柔毛，老枝无毛；叶互生，叶柄长，叶片纸质，狭卵形，先端渐尖，基部圆形或阔楔形，偏斜，中部以上边缘有浅锯齿，三出脉，叶表面深绿色，无毛，背面沿脉及脉腋被疏毛，叶背淡绿色；两性花和单性花同株，生于当年枝的叶腋；核球形果，单生或2个并生，熟时红褐色，甚至发紫，果汁少却甜，受小鸟喜爱，果柄较叶柄近等长，果核有穴和突肋。

【主要用途及生态贡献】1.根、皮、嫩叶可入药，有消肿止痛、解毒治热的功效，外敷可治水、火烫伤等。2.用于绿化道路、公园、小区等。

【地理分布】淮河至秦岭以南各省区均有分布；老挝、越南也有分布。

80.细叶榄仁

【又名】小叶榄仁、非洲榄仁、雨伞树

【学名】*Terminalia neotaliala* Capuron.

【科属】使君子科诃子属

【主要特征】落叶大乔木，高可达15米。主干直立，树冠呈伞状，小叶片琵琶形，对羽状脉，叶轮生，深绿色，穗状花序，腋生，花两性，核果纺锤形，种子1枚。

【主要用途及生态贡献】为行道、园景、庭园、校园、停车场绿化的良好树种。

【地理分布】原产于非洲的马达加斯加，中国广东、福建、台湾沿海一带已有栽培。

81.榄仁树

【又名】山枇杷树

【学名】*Terminalia catappa* L.

【科属】使君子科诃子属

【主要特征】落叶大乔木，高15米或更高。树皮灰褐色。枝条水平扩展张开。枝条围绕主干轮生，呈显著环状。叶紧密互生，单叶，呈广椭圆形，簇生于枝条末端，叶厚，革质，叶背基部中脉的两边，各有两枚细小的腺体。落叶前会变为美丽的紫红色。花瓣细小，白色或黄绿色，穗状花序，聚生于叶腋位置，顶端是雄花，下方是雌花及两性花，花期在3—6月。广椭圆形核果，黄褐色，外形像橄榄，果期在7—9月。

【主要用途及生态贡献】1.多栽培作行道树。2.木材可为舟船、家具等用材。3.树皮含单宁，能生产黑色染料。4.嫩叶汁可制成油膏，用于治疗疥癣、麻风及其他皮肤病等，对疝痛、头痛、发热、风湿关节炎等也有治疗功效。5.种子可清热解毒，对咽喉肿痛、痢疾及肿毒有治疗功效。6.树皮对清热解毒、化痰止咳、痢疾、痰热咳嗽及疮疡等有治疗功效。7.榄仁还可治痢疾及肿毒。8.其树皮可以治疗胃及胆汁质发热、腹泻及痢疾等。

【地理分布】我国海南、广东、广西、云南、台湾、福建等地均有栽培。

82.羊蹄甲

【又名】宫粉羊蹄甲、宫粉紫荆、红紫荆、红花紫荆、弯叶树

【学名】*Bauhinia variegata* L.

【科属】豆科羊蹄甲属

【主要特征】落叶乔木，高达10米，树干直；暗褐色树皮有不规则纵裂纹；枝广展，幼嫩枝常被灰色短柔毛，老枝硬而稍呈之字曲折，无毛；单叶互生，近革质，两面无毛，广卵形至近圆形，先端2裂，钝头或圆，叶缘全缘，叶形似羊蹄甲，故名；总状花序侧生或顶生，极短缩，略呈伞房花序，花大，近无梗；花蕾纺锤形；萼佛焰苞状，被短柔毛；荚果条带状，扁平；种子10—15颗，近圆形，扁平，直径约1厘米。花期3月最盛。

【主要用途及生态贡献】1.花期长，生长快，为良好的观赏及蜜源植物。2.木材坚硬，可作农具。3.树皮含单宁。4.根皮用水煎服可治消化不良。5.花芽、嫩叶和幼果可食。

【地理分布】产自中国南部，易于种植，陕西、甘肃南部、新疆、四川、西藏、贵州、云南南部、广东、广西等地均有栽培。印度、中南半岛亦有分布。

83.柚木树

【又名】胭脂树、紫柚木、脂树、紫油木、硬木树

【学名】*Tecton grandis* Linn.f.

【科属】马鞭草科柚木属

【主要特征】热带高大阔叶落叶乔木。高可达50米，胸径达2.5米。树皮褐色或灰色，枝四棱形，被星状毛。叶对生，极大，卵形或椭圆形，背面密被灰黄色星状毛。圆锥花序阔大，秋季开花，花白色，芳香。果球形，密被锈色毛，藏于宿存的膜质花萼内。

【主要用途及生态贡献】1.是世界上贵重的用材之一，被誉为"万木之王"，世界珍贵用材树种。2.东南亚的主要造林树种，低纬度高温地区可作公园、行道树种栽培。

【地理分布】原产于东南亚缅甸、老挝等地。我国南部热带地区用作公园、行道树种和名贵木材栽培等。

84.千年桐

【又名】木油桐、皱果桐

【学名】*Aleurites Montana.*

【科属】大戟科，油桐属

【主要特征】落叶乔木，树型修长，可高达10米，树冠呈水平展开，层层枝叶

浓密，树皮平滑，灰色，叶互生；花白色稍带一点红色，雌雄同株，异花，花瓣5片，雄花具雄蕊8—10，核果卵球状，果实内有种子3—5颗。花期3—5月。

【主要用途及生态贡献】1.树姿优美，花期时一片雪白，甚是壮观，属优良的园景树、行道树、遮阴树。2.果可榨油，用作涂料。

【地理分布】分布于我国南方诸省区。越南、泰国、缅甸也有分布。

85.合欢

【又名】绒花树、马缨花

【学名】*Albizia julibrissin* Durazz.

【科属】豆科合欢属

【主要特征】落叶乔木，高达15米，树干灰褐色，树皮粗糙，树冠开展，二回羽状复叶，托叶线状披针形，早落，小枝有棱角，嫩枝、叶轴被绒毛或短柔毛；头状花序于枝顶排成圆锥花序，合瓣花冠，雄蕊多条，花淡红色，花萼管状；荚果条带状，扁平，不裂；花期5—6月，果期8—10月。

【主要用途及生态贡献】1.木材可制家具、枕木等。2.树皮可提制栲胶。3.是公园绿化树种。

【地理分布】原产于中国，分布于华东、华南、西南以及辽宁、河北、河南、陕西等省，为威海市市树。日本、韩国、朝鲜等地也有分布。

86.刺桐

【又名】山芙蓉、空桐树、木本象牙红

【学名】*Erythrina variegata* Linn.

【科属】豆科刺桐属

【主要特征】为落叶乔木。株高约20米，干皮灰色，具圆锥形皮刺。羽状复叶，密集枝端，小叶菱形，或菱状卵形。总状花序，顶生；花萼佛焰苞状，红色，花碟形，鲜红色，形似鸡冠或象牙。荚果黑色，肥厚，种子稍弯曲，中间略缢缩；种子肾形，暗红色。花期3月，果期8月。

【主要用途及生态贡献】1.树皮、根皮均可入药，称海桐皮，有解热和利尿的功效。2.适合公园、绿地及风景区等地的美化，又是公路及市街的优良行道树。

【地理分布】我国东南沿海地区有种植，东南亚各国亦有分布。

87.凤凰木

【又名】金凤花、红花楹树、火树、洋楹等

【学名】*Delonix regia.*

【科属】豆科凤凰木属

【主要特征】落叶乔木，高可达20米，树皮灰棕色，粗糙，树冠宽广。二回偶数羽状复叶，羽片对生，小叶长椭圆形。夏季开花，伞房状总状花序，顶生或腋生，鲜红色，花大，有光泽。带形荚果，木质，扁平，长可达0.5米，成熟时黑褐色。种子20—40粒，长圆形，平滑坚硬，褐色。花期5—7月，果期8—10月。

【主要用途及生态贡献】1.凤凰木鲜红的花朵，配绿色的羽状复叶，甚为美丽，是色彩最鲜艳的树木之一，在我国南方城市作为观赏树或行道树。2.凤凰木木材可作小型家具和工艺原料等。

【地理分布】原产地马达加斯加及世界各热带地方，分布于中国南部及西南部。

88.黄花风铃木

【又名】黄金风铃木、巴西风铃木、伊蓓树

【学名】*Handroanthus chrysanthus* (Jacq.) S.O.brose.

【科属】紫葳科风铃木属

【主要特征】落叶乔木，高可达5米，树皮有深刻裂纹，小叶片对生，五叶轮生，卵状椭圆形，全叶被褐色细茸毛，先端尖，叶面粗糙；圆锥花序，顶生，花两性，萼筒管状，花冠金黄色，漏斗形，花缘皱曲，但为两侧对称花，甜香；子房二室；果实为蓇葖果，种子具翅；花期3—4月，先花后叶。

【主要用途及生态贡献】适合在公园、绿地、庭园等地进行栽培，供人观赏。

【地理分布】原产于墨西哥、中美洲、南美洲，1997年前自南美巴拉圭引进中国。

89.蓝花楹

【又名】含羞草叶蓝花楹、蓝雾树

【学名】*Jacaranda mimosifolia* D.Don.

【科属】紫葳科蓝花楹属

【主要特征】落叶乔木，高可达25米；二回羽状复叶，对生或互生，羽片通常有十多对，每片羽片有小叶二十多对，小叶椭圆状，披针形，顶端急尖，基部楔形，全缘。圆锥花序顶生或腋生，花多为蓝紫色，花萼5，细小；花冠筒细长，蓝色，下部微弯，上部膨大，花冠裂片圆形；朔果木质，扁卵圆形，中部较厚，四周逐渐变薄；种子扁平，心形，具翅；花期通常5—6月，条件适宜，一年可两次开花，果期7—8月。

【主要用途及生态贡献】1.蓝花楹观叶、观花树种，热带、亚热带地区栽作行道树。2.蓝花楹木材可作家具用材料。

【产地及分部】原产于南美洲巴西，中国近年来引种栽培，以供观赏。

90.垂柳

【学名】*Salix babylonica.*

【科属】杨柳科柳属

【主要特征】高大落叶乔木，叶互生，披针形或条状披针形，长8—16厘米，先端渐长尖，基部楔形，无毛或幼叶微有毛，具细锯齿，托叶披针形，花序先叶开放，或与叶同时开放，雄蕊2，花丝分离，花药黄色，腺体2，雌花子房无柄，腺体1，花期3—4月；蒴果，果期4—6月。

【主要用途及生态贡献】1.可作行道绿化、公园绿化，还可用于固堤护岸。

2.木材可供制作家具。3.枝条可编筐。4.树皮含鞣质，可提制栲胶。5.叶可用作羊的饲料。

【地理分布】我国南北方均有栽培，欧洲、美洲各国亦有引种。

91.大花紫薇

【又名】大叶紫薇、洋紫薇、红薇花

【学名】*Lagerstroemia speciosa* Pers.

【科属】千屈菜科紫薇属

【主要特征】落叶乔木，高可达25米，胸径可达1米；树皮灰白色，平滑；小枝圆柱形，光滑，无毛；革质叶，卵状椭圆形，甚大，顶端尖，基部阔楔形，两面均无毛；顶生圆锥花序，花粉红色、紫红色，花大，夏季花朵布满枝头，非常耀眼。蒴果球形，褐灰色，种子多数，夏季开花，秋季结果。

【主要用途及生态贡献】1.大花紫薇常栽培于庭园，可供观赏。2.木材可用于家具、舟车、桥梁、电杆、枕木及建筑等。3.树皮及叶可作泻药；4.种子具有麻醉性；5.根含单宁，可作收敛剂。

【地理分布】广东、广西及福建均有栽培。斯里兰卡、印度、马来西亚、越南及菲律宾亦有分布。

92.玉堂春

【又名】望春、玉兰花、辛夷

【学名】*Magnolia denudata* Desr.

【科属】木兰科玉兰亚属

【主要特征】落叶乔木，高达15米；树冠卵形，枝条繁茂，幼枝有毛；叶互生，被柔毛，叶片倒卵形，或倒卵状矩圆形，先端阔而突尖，基部渐狭，全缘，表面绿色，背面淡绿色，两面被柔毛，冬芽密生绒毛；单生花繁而大，先叶开放，花苞形似毛笔头，又称毛笔花，外面紫色而内面白色，美观典雅，花芳香浓郁，花梗粗短，密生黄褐色柔毛；聚合果圆柱形，花期3—4月，果期8—9月。

【主要用途及生态贡献】1.中国著名的花木，具有很高的观赏价值；为美化庭园之理想花型。2.花可提取香精。3.干花可入药，具有祛风、通窍的功效，还可治头痛、齿痛等。4.花亦可食用。

【地理分布】原产于中国中部各省，现北京及黄河流域以南均有栽培。

93.桃树

【学名】*Amygdalus persica* L.

【科属】蔷薇科桃属

【主要特征】落叶乔木，植株高4—8米；树皮红褐色，随着年龄增长出现裂缝，小枝细长，无毛有光泽，有皮孔；叶片披针形，先端长而细的尖端，叶缘有细齿，暗绿色有光泽，叶基具有蜜腺；花单生，从淡粉红色至深粉红色或红色，有短柄；早春开花；近球形核果，表面有毛茸，为橙黄色泛红色，果肉多汁有香味，酸甜，可食用，直径7.5厘米，核椭球形，带深麻点和沟纹，内含白色种子，种仁多味苦。

【主要用途及生态贡献】1.著名水果。2.庭园、公园绿化的优良树种。3.桃核可制作工艺品。

【地理分布】原产于中国，各省区广泛栽培。世界各地亦均有栽植。

94.梅花

【又名】酸梅、春梅、合汉梅、白梅花、绿萼梅、绿梅花

【学名】*Armeniaca mume*Sieb.

【科属】蔷薇科杏属、李属

【主要特征】落叶乔木，少有灌木，高可达10米；树干褐紫色，树皮多纵驳纹；小树枝绿色，光滑无毛；叶片绿色，椭圆形，边缘具细锯齿，先端渐尖；花单生，花先于叶开放，芳香，花萼通常红褐色，但有些品种的花萼为绿色或绿紫色，花瓣倒卵形，白色至粉红色（不同品种花形、花色有差异）。核果近球形，有沟，黄色或绿白色，被柔毛；果肉与核粘贴，果肉味酸，可食用，用于制作梅制系列食品，亦可药用；核椭圆形，两侧微扁。花期冬、春季，果期5—6月。

【主要用途及生态贡献】1.园艺栽培供观赏，可栽为盆花，亦可制作梅桩盆景。2.果实酸甜，可食用，可泡制青梅酒，盐渍制凉果，可腌制乌梅入药，有生津止咳、止渴、止泻之功效。3.鲜花可提取香精。4.花、叶、根和种仁均可入药。5.梅能抵抗根线虫的危害，可用作核果类果树的砧木。

【地理分布】原产于中国南方，现中国各地均有栽培。日本和朝鲜也有栽培。

95.李树

【学名】*Prunus* L.

【科属】蔷薇科李属

【主要特征】落叶乔木，高可达9米；树冠广圆形，树皮多纵裂纹，褐色；单叶互生，叶片长椭圆形，幼叶在芽中为席卷状或对折状；有叶柄，在叶片基部边缘或叶柄顶端常有2小腺体；叶基常具腺体；花呈伞状花序，2—3朵簇生；花瓣白色，雄蕊略短于花瓣；核果卵球形，腹缝线上微见沟纹，熟时绿色、黄色、紫色或红色（不同品种，果形、果色不同），光亮或微被白粉；核长圆形，有皱纹；核仁圆锥形，味苦。花期3—4月，果期5—6月。

【主要用途及生态贡献】是中国重要的观花、观叶、观果植物，可应用于园林植物造景、盆栽观赏或作为果树栽植等。

【地理分布】李树约有30多种，主要分布在北温带。中国有7种，各地均有分布。

96.樱花

【又名】日本樱花、山樱花

【学名】*Cerasus sp.*

【科属】蔷薇科樱属

【主要特征】落叶乔木，树冠卵圆形，高6—16米，树皮紫褐色，光滑具横纹；叶片倒卵形，先端渐尖，基部圆形，叶缘有尖锐锯齿，齿端渐尖，表面深绿色，无毛，背面淡绿色，沿脉被稀疏柔毛，侧脉显；花呈伞状花序，每枝3—5朵，花色多为白色、粉红色，常于3月与叶同放或叶后开花；核果近球形，直径0.7—1厘米，果核表面略具棱纹；花期4月，果期5月（樱花品种数目超过300种以上，不同品种的花期、果期有差异）。

【主要用途及生态贡献】1.果实为优质水果。2.樱花花色幽香艳丽，为庭园、公园栽培品种。

【地理分布】多品种原产中国，世界各地均有栽植。

97.木棉树

【又名】攀枝花、莫连、红茉莉、莫连花、红棉、斑芒树

【学名】*Bombax malabaricum.*

【科属】木棉科木棉属。

【主要特征】落叶大乔木，高可达25米。具板根，树干基部密生瘤刺，枝轮生，纸质叶互生，掌状复叶，每年2—3月份先开花，后长叶，小叶披针形。花单生于枝顶，红色或橙红色。萼杯状，花瓣肉质。5—6月，卵圆形蒴果成熟裂开，内为卵圆形的种子和白色的棉絮，种子黑色，光滑。

【主要用途及生态贡献】1.用于行道树栽培。2.晒干的木棉花有健脾祛湿、凉血止血、润肺止咳的药用价值。

【地理分布】原产地不明，广泛分布于福建、广西、广东、海南、贵州、四川、云南等省。

98.美丽异木棉

【又名】美人树、美丽木棉、丝木棉

【学名】*Ceiba speciosa* St.Hih.

【科属】木棉科吉贝属

【主要特征】落叶大乔木；高达15米，大枝轮生，水平伸展，树冠呈伞状，成年树树干呈酒瓶状，密生圆锥状皮刺，树皮绿色，下部膨大；掌状复叶互生，纸质叶青翠，有小叶5片，小叶椭圆形，中央小叶较大；花形大，单生，花冠淡粉红色或红色，中心白色，花瓣边缘波状反卷；花期为每年的10—12月，冬季为盛花期；次年2—3月，花后结纺锤形蒴果，成熟后裂开，内为卵圆形的种子和白色的棉絮，种子多数近球形。

【主要用途及生态贡献】美丽异木棉是优良的观花乔木，可用作行道树和园林造景。

【地理分布】原产于南美洲，热带地区多有栽培，在中国广东、福建、广西、海南、云南、四川等南方城市广泛栽培。

99.枫香树

【又名】湾香胶树、枫子树、香枫、白胶香、路路通

【学名】*Liquidambar formosana* Hance.

【科属】金缕梅科枫香树属

【主要特征】落叶乔木，高可达30米，胸径可达1米，树形广卵形，树干通直，树皮灰褐色，老树皮有纵裂；薄革质叶掌状三裂，中央裂片较长，叶缘有细锯齿，先端渐尖，秋季后叶变成红色、紫色、橙红色等，满山红叶增添山中秋色；花单性同株，雄花排成穗状花序，无花瓣，顶生，雌花头状花序；头状果圆球形，木质，布满短刺；种子多数，褐色，有窄翅。花期春末，果期秋末。

【主要用途及生态贡献】1.果实落地后常收集为中药，名路路通，有祛风除湿，通络活血的功效。2.木材可用来制作家具及贵重商品的包装箱。3.是公园、行道、荒山绿化的优良树种。

【地理分布】产自中国秦岭及淮河以南各省，亦见于越南北部、老挝及朝鲜南部。

100.栗

【又名】板栗

【学名】*Castanea mollissima* Bl.

【科属】壳斗科栗属

【主要特征】落叶乔木，根系发达，高可达20米，胸径0.8米，树皮暗灰色，具不规则深裂；冠幅宽大，叶椭圆至长圆形，长11—17厘米，叶柄长约2厘米；柔荑花序，花序轴被毛，花朵聚生成簇，雌花发育结果，花柱下部被毛；成熟壳斗的锐刺，长短、疏密不匀，壳斗连刺径长4.5—6.5厘米；壳斗内有两三枚坚果，坚果有光泽的内皮保护着可食用的果肉。花期4—6月，果期8—10月。

【主要用途及生态贡献】1.栗子是碳水化合物较高的优质干果。2.栗木属于优质木材，可用于制作家具。3.可作公园绿化树种。

【地理分布】我国南北方均有种植。

第三章

常绿灌木（或小乔木）

101.苏铁

【又名】铁树、辟火蕉、凤尾蕉、凤尾松、凤尾草

【学名】*Cycasrevoluta.*

【科属】苏铁科苏铁属

【主要特征】常绿棕榈状木本树，不分枝高1—4（20）米，密被宿存的叶基和叶痕，羽状叶有上百对，厚革质坚硬小叶长条形，长10—18厘米，宽0.5—0.6厘米，先端锐尖，边缘向下卷曲，深绿色，有光泽，下面有毛或无毛；雌雄异株，雄球苏铁花圆柱形，长30—70厘米，直径0.1—0.15厘米，似玉米棒，有急尖头，披黄褐色绒毛，雌性苏铁长出球形大孢子球，每片大孢子叶羽状分裂，覆盖黄色绒毛，大孢子叶合拢抱团，形成一个大的黄褐色毛球，这是雌花，雌花球内长出密密麻麻的种子，秋冬季种子成熟后呈朱红色，被称为"凤凰蛋"。凤凰蛋有毒，不可食用。

【主要用途及生态贡献】1.树形优美，用于园林栽培。2.种子含油和淀粉，可供食用。3.种子有止咳、止血和消炎之功效，可药用（有微毒，谨慎使用）。

【地理分布】多种植在低纬度温暖湿润的国家和地区。

102.杨梅

【又名】圣生梅、白蒂梅

【学名】*Myrica rubra*（Lour.）S.et Zucc.

【科属】杨梅科杨梅属

【主要特征】常绿小乔木，高达5米，树冠圆球形；树皮灰黑色，老时浅纵裂；小枝较粗壮，幼枝皮孔明显，无毛。幼枝、叶背具有黄色小油腺点；单叶互生，厚革质，倒披针形或矩圆卵形，叶面深绿色，叶背颜色稍淡；雌雄异株，3—4月开粉红色花，雄花序圆柱形，雌花序长圆卵状；核果球形，6—7月成熟，有深红色、紫红色、白色等。

【主要用途及生态贡献】1.树梅果实具有很高的食用价值。2.梅果亦可入药，治烦渴、吐泻、痢疾、腹痛等症，还可涤肠胃、解酒等。3.是园林绿化的优良树种。

【地理分布】中国华东和湖南、广东、广西、贵州、浙江等地均有分布。

103.枇杷

【又名】芦橘、金丸、芦枝

【学名】*Eriobotrya japonica*（Thunb.）Lindl.

【科属】蔷薇科枇杷属

【主要特征】常绿小乔木，高达8米；树冠呈圆状，树干短，小枝粗壮，被锈色绒毛；叶革质，披针形，先端渐尖，基部楔形，边缘上部有稀疏锯齿，上面多皱，下面及叶柄密生灰棕色绒毛，侧脉明显；叶柄长0.8厘米；顶生圆锥花序，总花梗、花梗及萼筒外面皆密被锈色绒毛；花白色，花柱5，离生；梨果球形或矩圆形，直径2—5厘米，黄色或橘黄色，外有柔毛；种子数粒，球状，褐色，光亮；花期10—12月，果期次年5—6月。

【主要用途及生态贡献】1.常用于园林观赏。2.果实枇杷是优质水果。3.果实和叶可作药用，主要功效为清热润肺、止咳平喘等。

【地理分布】原产于中国，各地广泛栽培，以江苏、福建、浙江、四川等地栽培最盛。日本、印度、越南、缅甸、泰国、印度尼西亚等地也有栽培。

104.月季

【又名】月月红、长春花

【学名】*Rosa chinensis* Jacq.

【科属】蔷薇科蔷薇属

【主要特征】常绿灌木，月季花的枝条呈直立状，树冠较张开，刺比较少。叶互生，小叶3—9枚，小叶组成奇数羽状复叶，边缘锐齿，椭圆形或阔披针形，具光泽，或粗糙无光。花顶生，单朵或数朵聚生，伞状花序，有单瓣和重瓣，月季花有白色、红色、黄色、粉色、紫色、橙色、粉红色、深红色、玫瑰紫色、淡绿色等，花期4—9月。梨果近球形，橘红色或深红色。果期6—11月。

【主要用途及生态贡献】1.广泛用于园艺栽培和切花。2.培育有食用品种。

【地理分布】世界各地均有栽培。

105.火棘

【又名】火把果、救军粮、红子刺

【学名】*Pyracantha fortuneana*（Maxim.）

【科属】蔷薇科火棘属

【主要特征】常绿灌木，高达3米；倒卵形单叶片薄革质，先端圆钝，基部楔形，下延连于叶柄，边缘有钝锯齿，近基部全缘，叶柄短；花集成复伞房花序，萼筒钟状，萼片三角卵形，先端钝，花瓣白色，近圆形，子房上部密生白色柔毛；梨果近球形，橘红色或深红色；果内含5粒种子；花期3—5月，果期秋、冬季。

【主要用途及生态贡献】1.作绿篱以及园林造景材料；因其吸烟滞尘效果好，抗二氧化硫，亦常用于美化、绿化环境。2.果实、根、叶均可入药，果能清热解毒，根、叶外敷治疮疡肿毒等症。

【地理分布】分布于黄河以南及广大西南地区。

106.含笑

【又名】含笑美、含笑梅、山节子、白兰花、唐黄心树

【学名】*Michelia figo*（Lour.）Spreng.

【科属】木兰科含笑属

【主要特征】常绿灌木，高2—3米，树冠圆球形，树皮灰褐色，枝叶丰茂；叶革质，狭椭圆形或倒卵状椭圆形；直立花单生于叶腋，淡黄色，而边缘有时紫红色，花瓣肉质，具香蕉般的甜美芳香；蓇葖果卵圆形，先端呈鸟嘴状，内有种子数粒；花期3—5月，果期7—8月。

【主要用途及生态贡献】1.绿化观赏，以盆栽为主，庭园造景次之。2.干花泡茶，有美容保健作用。

【地理分布】原产于华南南部各省区，广东鼎湖山有野生品种，现广植于中国各地。

107.山茶

【又名】薮春、山椿、耐冬、晚山茶、茶花、洋茶、山茶花

【学名】*Camellia japonica*L.

【科属】山茶科山茶属

【主要特征】常绿灌木或小乔木，株形优美，高可达8米，幼枝无毛；革质叶椭圆形，先端略尖，基部阔楔形，上面深绿色，下面浅绿色，互生；花两性，花朵大，红色或白色，顶生，无柄；蒴果圆球形，果皮厚木质，直径约3厘米；花期春季。果期秋、冬（品种繁多，不同品种花色、花形有差异）季。

【主要用途及生态贡献】1.山茶花可供观赏，是庭园、公园等地的优质绿化树种。2.山茶花还有止血功效，有药用价值。3.种子可榨油，供食用和工业用途等。

【地理分布】主要分布在亚热带季风气候区，日本、朝鲜半岛也有分布。

108.悬铃花

【又名】垂花悬铃花、小悬铃花、大红袍、粉花悬铃花

【学名】*Malvaviscus arboreus* Cav.

【科属】锦葵科悬铃花属

【主要特征】常绿灌木，高约1—3米；鲜红的花瓣螺旋卷曲，花朵向下悬垂。

雌雄蕊细长突出瓣外苞，花瓣略左旋，不开含苞状，鱼红色，叶阔心形，浅二裂或角状，形似桑叶，叶有柄，互生，集中在株端，长椭圆形，先端渐尖，粗钝锯齿缘，主叶脉掌状，有5—7条，绿色。全年出叶，尤以3—8月为盛。

【主要用途及生态贡献】主要用于园林配植，还可剪扎造型和盆栽观赏。

【地理分布】原产墨西哥至秘鲁及巴西，现分布于世界各地热带及亚热带地区，包括中国南部，多为野生，华南地区多植于庭园。

109.扶桑

【又名】佛槿、朱槿、大红花

【学名】*Hibiscus rosa—sinensis.*

【科属】锦葵科木槿属

【主要特征】常绿灌木，高2—5米，粗生易长，枝叶茂盛；茎直立且多分枝，小枝圆柱形，被稀疏柔毛；叶片阔卵形，形似桑叶，两面除背面沿脉上有少许疏毛外均无毛，叶缘有粗齿或缺刻；花单生于上部叶腋间，常下垂；花萼呈钟状，花冠漏斗状，直径6—10厘米，玫瑰红或黄色、粉色等，花瓣倒卵形，先端圆，外面疏被柔毛；卵状蒴果，表面无毛，平滑；椭圆形种子，黑色；扶桑园艺种植几乎全年开花。

【主要用途及生态贡献】1.园林绿化的优良树种，长江流域及其以北地区，为重要的温室和室内花卉品种。2.根、叶、花均可入药，有清热利水、解毒消肿之功效。

【地理分布】全国各地均有栽培。

110.木槿

【又名】无穷花、喇叭花

【学名】*Hibiscus syriacus* Linn.

【科属】锦葵科木槿属

【主要特征】常绿灌木，高可达5米，枝繁叶茂，多分枝，小枝密被黄色绒毛；叶三角状卵形，具深浅不同的3裂或不裂，先端钝，基部楔形，边缘具不整齐齿缺，下面沿叶脉微被毛或近无毛。木槿花单生于枝端叶腋间，花萼钟形，花朵颜色有纯白色、淡粉红色、白色、紫红色等，花形呈钟状，有单瓣、复瓣、重瓣几种，外面被稀疏纤毛或星状长柔毛。蒴果卵圆形，密被黄色绒毛；种子黑色肾形，背部被黄白色长柔毛。几乎一年四季都开花。

【主要用途及生态贡献】1.园林中作庭园栽培或花篱式绿篱，孤植和丛植均可。2.木槿的根、叶和皮均可入药，具有清湿热、解毒消肿的功效。3.花可当作蔬菜食用。

【地理分布】中国中部各省均有栽培。是韩国和马来西亚的国花。

111.黄槿

【又名】糕仔树、桐花、盐水面夹果、朴仔、榄麻、海麻

【学名】*Hibiscus tiliaceus.*

【科属】锦葵科木槿属

【主要特征】常绿灌木或小乔木，高可达3—4米；树皮灰白色；革质叶宽大，近圆形或广卵形，有长柄，湖南乡间用此叶包裹糕果之用，故称此树为糕仔树；花序顶生或腋生，常数花排列成聚散花序；花黄色，花冠钟形，基部有一对托叶状苞片；木质蒴果卵圆形，被绒毛；肾形种子，光滑；花期6—8月。

【主要用途及生态贡献】1.为行道树及海岸绿化、美化植栽品种。2.根可入药，主治木薯中毒，外用治疮疖肿毒等。

【地理分布】主要分布于低纬度、高温、多雨地区。

112.橘

【学名】*Citrus reticulate.*

【科属】芸香科柑橘属

【主要特征】常绿灌木，高约3米，枝叶茂密，分枝较多，枝扩展或略下垂，通常有刺；单生复叶，叶片椭圆形或阔卵形，革质，叶缘至少上半段通常有钝或圆裂齿，花单生或2—3朵簇生，柑橘的花是混合花，有单花和花序两种，春季满树盛开，芳香满园。其果果形多种，通常扁圆形至近圆球形，淡黄色、朱红色或深红色，果肉酸或甜，有清香味；种子或多或少，通常卵形。花期4—5月，果期10—12月。

【主要用途及生态贡献】1.著名优质水果。2.园艺观赏植物。3.可入药，成熟果皮（陈皮）能理气化痰、和胃降气；未成熟果皮或幼果（青皮）功效同陈皮，但作用更强；核（橘核）能活血散结、消肿。

【地理分布】我国亚热带、热带广为栽培。观赏橘则以广东珠三角最多。

113.佛手

【又名】佛手柑、五指橘、飞穰、蜜萝柑、五指香橼、五指柑

【学名】*Citrus medica* L.var.sarcod actylis Swingle.

【科属】芸香科柑橘属

【主要特征】常绿灌木或小乔木，茎叶基有硬锐刺，新枝三棱形。单叶革质，互生，长椭圆形，有透明油点。总状花序，花多在叶腋间生出，常数朵成束，其中雄花较多，部分为两性花，花冠5瓣，白色微带紫晕，春分至清明时第一次开花，常多雄花，另外一次在立夏前后，结的果较小，9—10月成熟，果大，皮鲜黄色，皱而有光泽，顶端分歧，常张开如手指状，故名佛手，肉白，无种子。

【主要用途及生态贡献】1.佛手是一种常见中药材，有燥湿化痰、消食解酒等多种功效。2.为观赏绿化植物。3.佛手果可制作成凉果食用。

【地理分布】我国亚热带气候区多栽培。

114.九里香

【又名】九树香、石辣椒、七里香、千里香、万里香、山黄皮

【学名】*Murraya exotica.*

【科属】芸香科、九里香

【主要特征】九里香是常绿灌木或小乔木，多分枝，树枝优美，干皮灰褐色，具纵纹，不易折断；奇数羽状复叶，互生，叶轴不具翅，薄革质小叶3—9片，倒卵形或近菱形，先端钝，急尖或有凹陷，全缘，有透明腺点，叶面深绿有光泽；聚伞花序，花白色，生于枝条叶腋内或顶生，花香浓郁；红色小柑果近球形，冬季成熟，肉质味甜。园艺品种一年可多次开花和结果。

【主要用途及生态贡献】我国南方地区在绿化上常用作围篱材料，或用作花圃点缀品，亦可用于修剪九里香盆景。

【地理分布】分布在热带及亚热带高温湿润地区。

115.山指甲

【又名】山紫甲树、小蜡、水黄杨、小叶女贞

【学名】*Ligustrum sinense.*

【科属】木樨科女贞属

【主要特征】常绿灌木，高达6米。单叶，对生，纸质，椭圆形，长约5厘米，宽约2厘米，全缘，柄长约0.3厘米。聚伞花序再排为圆锥花序，于小枝的上部腋

生；花冠漏斗形，白色，花两性，多花，辐射对称，芳香。核果球形，直径0.5厘米，熟时紫黑色。

【主要用途及生态贡献】1.可用作厂矿绿化、绿篱、绿墙和隐蔽遮挡等，也可整形成各种几何图形。2.果实可酿酒。3.种子可制肥皂。4.茎、皮可作药用，治口舌溃烂。

【地理分布】分布于我国南方各省区。

116.夹竹桃

【又名】柳叶桃、绮丽、半年红、甲子桃、枸那、叫出冬

【学名】*Nerium indicum* Mill.

【科属】夹竹桃科夹竹桃属

【主要特征】常绿直立大灌木，高可达5米，粗生易长，分枝多，枝条灰绿色，嫩枝条具棱，被微毛，老时毛脱落；叶厚，3—4片轮生，小叶披针形，叶面深绿，具光泽，叶背浅绿色，中脉在叶面陷入，叶柄扁平；顶生聚伞花序，花芳香，花冠为单瓣呈5裂、漏斗状，有紫红、红、白、橙、黄、粉红等颜色，花期长，夏、秋季最盛；蓇葖果，圆柱形，干时会裂开，果期一般在冬、春季（栽培品种结果少）；种子长圆形，具种缨。

【主要用途及生态贡献】夹竹桃抗污染，花大艳丽，几乎全年开花，常作公园或行道绿化树种（夹竹桃的树皮、根、种子等全株有毒，人、畜误食可致死）。

【地理分布】中国各省区均有栽培，尤以中国南方为多。现广泛种植于世界热带地区。

117.黄蝉

【学名】*Allemanda neriifolia* Hook.

【科属】夹竹桃科黄蝉属

【主要特征】常绿灌木，植株直立，高达2米；枝条灰白色，枝叶折断，伤口流乳汁；叶轮生，叶片椭圆形，叶被有短柔毛，叶缘全缘；顶生或腋生聚伞花序，花黄色，喉部有橙红色条纹，花冠阔漏斗形，有裂片5枚，并向左或向右重叠，花冠基部膨大；蒴果球形，直径约3厘米，果皮有刺。种子扁平，具薄膜质边缘。花期4—8月，果期6—10月。

【主要用途及生态贡献】用于行道及公园绿化。

【地理分布】原产巴西，已广泛栽培于热带地区。中国广西、广东、福建、台湾及北京（温室内）的庭园间均有栽培。

118.狗牙花

【又名】白狗牙、狮子花、豆腐花

【学名】*Ervatamia divaricata*（L.）Burk.cv.Gouyahua.

【科属】夹竹桃科狗牙花属

【主要特征】常绿灌木，高达3米；枝和小枝灰绿色，有皮孔，干时有纵裂条纹；叶纸质，光滑，椭圆状长圆形，末端渐尖，基部楔形，叶面深绿色，背面淡绿色；聚伞花序腋生，花冠白色，雄蕊着生于花冠筒中部之下；花柱长1.1厘米，柱头倒卵球形，花开具淡淡的香味；蓇葖果长2.5—7厘米，叉开或外弯；种子3—6个，长圆形。花冠重瓣。花期3—6月，果期7—9月。

【主要用途及生态贡献】1.公园绿化，做花篱、花径或大型盆栽。2.叶可药用，有降血压的功效；根可治头痛等。

【地理分布】栽培于中国南部高温、湿润的各省区。

119.曼陀罗

【又名】曼荼罗狗核桃、洋金花、枫茄花、闹羊花、山茄子、大喇叭花

【学名】*Daturastra monium* Linn.

【科属】茄科曼陀罗属

【主要特征】亚灌木状，高0.5—1.5米，全体近于平滑或在幼嫩部分被短柔毛；茎粗壮，圆柱状，淡绿色或紫色，下部木质化，似茄子枝干；互生叶广卵形，叶片脉络清晰，叶缘有不规则波状浅裂；花单生于枝杈间或叶腋，直立，有短梗；花萼筒状，花大，有黄色、白色等，花开时有股清淡的香味，久闻会产生轻微幻觉；蒴果直立生，卵状果表面有坚硬针刺，成熟后淡黄色，规则4瓣裂；种子卵圆形，稍扁，黑色；花期6—10月，果期7—11月。

【主要用途及生态贡献】1.是漂亮的盆栽，但全株有毒，不宜栽于室内。2.曼陀罗花、根、叶和籽可作药用，镇咳镇痛、麻醉等功效明显。

【地理分布】曼陀罗花原产于墨西哥。现广泛分布于世界温带至热带地区。中国各地均有分布。

120.海桐

【又名】海桐花、山矾、七里香、宝珠香、山瑞香

【学名】*Pittosporum tobira.*

【科属】海桐科海桐花属

【主要特征】常绿灌木，高1—5米，嫩枝被褐色柔毛；叶聚生于枝顶，叶长卵圆形，叶缘全缘，革质，光滑；伞形花序或伞房状伞形花序，顶生或近顶生，花白色，盛开时芳香扑鼻，后变黄色，花瓣倒披针形；圆球形蒴果，呈三角状，有棱；种子多数，红色多角形；春、夏开花，冬天果熟。

【主要用途及生态贡献】1.是校园、厂区、公园的绿化树种。2.根、叶和种子均可入药，根能祛风活络、散瘀止痛；叶能解毒、止血；种子能涩肠、固精。

【地理分布】产于中国江苏南部、浙江、福建、台湾、广东等地；朝鲜、日本亦有分布。

121.一品红

【又名】象牙红、老来娇、圣诞花、圣诞红、猩猩木

【学名】*Euphorbia pulcherrima* Willd.et Kl.

【科属】大戟科大戟属

【主要特征】常绿灌木，高可达3米，茎直立光滑，多分枝，无毛；叶互生，长椭圆形或披针形，绿色，边缘全缘，或浅裂，或波状浅裂；叶纸质，叶面被短柔毛或无毛，叶背被柔毛；一品红花由苞叶组成，苞叶5—7枚，狭椭圆形，长3—7厘米，宽1—2厘米，通常全缘，极少边缘浅波状分裂，朱红色，是全花重要的观赏点；花序数个，聚伞排列于枝顶；总苞坛状，淡绿色，边缘齿状5裂，裂片三角形，无毛；根圆柱状；蒴果，三棱状球形，平滑无毛；种子卵状，淡灰色，平滑无毛。冬季圣诞节前开花，园艺栽培则可全年开花。

【主要用途及生态贡献】1.常见于公园、植物园及温室中，可供观赏。2.茎叶入药，有消肿的功效，还可治疗跌打损伤。

【地理分布】原产于中美洲，广泛栽培于热带和亚热带。中国绝大部分省区市均有栽培。

122.铁海棠

【又名】虎刺梅、麒麟刺、麒麟花

【学名】*Euphorbia milii* Ch.des Moulins.

【科属】大戟科大戟属

【主要特征】蔓生灌木植物，茎多分枝，长可达1米，茎枝密生尖锐坚硬的锥刺，长圆状叶通常集中于嫩枝上，叶互生，全缘。花序2个或8个组成二歧状复花序，总苞钟状，黄红色。雄花数枚，雌花1枚，常包于总苞内。蒴果三棱状卵形，种子卵柱状，灰褐色，花果期全年。

【主要用途及生态贡献】1.是深受欢迎的盆栽植物。2.根、茎、叶及乳汁可入药，排脓、解毒、逐水功效明显。还可用于痈疮、肝炎、水肿等的治疗；花有小毒，可用于子宫出血的治疗。根还可用于鱼口，便毒，跌打治疗。

【地理分布】原产非洲马达加斯加，中国南北方均有栽培，常见于公园、植物园和庭园中。

123.红背桂

【又名】红背桂花、红紫木、紫背桂、青紫桂、东洋桂花

【学名】*Excoecaria cochinchinensis* Lour.

【科属】大戟科海漆属

【主要特征】常绿灌木，株高1—2米，树皮灰褐色，全体无毛，单叶对生，长6—12厘米，叶缘有细齿，端尖，叶表绿色，叶背紫红色。花单形异株，蒴果球形。

【主要用途及生态贡献】1.是一种实用价值较高的观叶、观花植物。2.全株可药用（但有小毒），有通经活络、止痛的功能，可用于腰肌劳损等的治疗。

【地理分布】我国高温湿润的南方地区在公园、路旁栽培。亚洲东南部各国也有栽培。

124.红桑

【又名】铁苋菜、血见愁、海蚌念珠、叶里藏珠

【学名】*Acalypha australis* L.

【科属】大戟科铁苋菜属

【主要特征】常绿灌木，高可达2米；嫩枝被短毛；阔卵形纸质叶古铜绿色或浅红色，常有不规则的红色或紫色斑块，顶端渐尖，基部圆钝，边缘具粗锯齿，叶背沿叶脉具疏毛；托叶狭三角形，具短毛；雌雄同株，通常雌雄花异序；蒴果直径约0.4厘米，内有分果片，外疏生长毛；种子球形，平滑；花期几乎全年。

【主要用途及生态贡献】1.南方地区常作庭园、公园中的绿篱和观叶灌木，长江流域以盆栽用作室内观赏。2.地上部分干燥后可作药用，收敛止血，清热解毒。

【地理分布】原产于太平洋岛屿（波利尼西亚或斐济）；现广泛栽培于热带、亚热带地区；我国台湾、福建、广东、海南、广西和云南的公园和庭园均有栽培。

125.变叶木

【又名】洒金榕

【学名】*Codiaeum variegatum*（L.）A. Juss.

【科属】大戟科变叶木属

【主要特征】灌木或小乔木，高可达2米；枝条无毛；叶纸质，不同品种变叶木叶的形状大小、颜色变化很大；常见叶基部楔形、两面无毛，绿、黄、淡绿色、紫红色相间、绿色叶片上散生黄色或金黄色斑点或斑纹，叶柄长0.2—2.5厘米；总状花序腋生，雄花白色，花梗纤细，雌花淡黄色，花往外弯，花梗稍粗；蒴果近球形，无毛；种子长球状，长约0.6厘米；花期冬季。另外，变叶木的乳汁有毒。

【主要用途及生态贡献】是著名的观叶树种，华南地区多用于园林造景。

【地理分布】原产于亚洲马来半岛至大洋洲；现广泛栽培于热带地区。中国南部各省区常见栽培。

126.红雀珊瑚

【又名】铁杆丁香

【学名】*Pedilanthus tithymaloides*.

【科属】大戟科红雀珊瑚属。

【主要特征】常绿灌木，茎绿色，肉质，含白色有毒乳汁。叶互生，绿色，卵状披针形，革质，中脉突出在下面，呈龙骨状。杯状花序排列成顶生聚伞花序，总苞鲜红色，花期夏季。全年开红色或紫色花，树形似珊瑚，故称红雀珊瑚。

【主要用途及生态贡献】1.红雀珊瑚有独特的观赏性，在庭园绿化中常使用。2.红雀珊瑚全株可作药用，对跌打损伤、骨折、外伤出血以及角膜炎等都有作用。一般为鲜时外用，取适量捣烂敷于患处即可。

【地理分布】原产于中美洲西印度群岛。我国低纬度高温地带也有栽培。

127.凤尾兰

【又名】菠萝花、厚叶丝兰、凤尾丝兰

【学名】*Yucca gloriosa* L.

【科属】龙舌兰科丝兰属

【主要特征】灌木或小乔木，高可达5米，植株丛生；茎悬垂，长达0.5米，节间长1.5—2厘米；叶二列，着生于茎的全长，稍肉质，表面有蜡质层，狭披针形，先端急尖，坚硬似剑，密集丛生，螺旋状排列于短茎上，呈放射状展开。总状花序很短，沿茎上的各个节上对叶而生，具3—6朵花，花序柄长约0.3—0.6厘米，花苞片三角形，长约0.2厘米；长圆形蒴果，长约4厘米；花期夏、秋季。

【主要用途及生态贡献】1.凤尾兰花大树美，叶绿，是良好的庭园观赏树木。2.叶纤维洁白、强韧、耐水湿，称"白麻棕"，可制作缆绳。3.根可药用，止咳。

【地理分布】凤尾兰是塞舌尔国家的国花，原产于北美东部及东南部。我国温暖地区广泛露地栽培。

128.朱蕉

【又名】铁树（岭南杂记）

【学名】*Cordyline fruticosa*（L.）A.Cheval.

【科属】龙舌兰科朱蕉属

【主要特征】直立灌木状植物，高可达3米；茎粗1—3厘米，茎皮呈灰褐色，茎多数无分枝；叶聚生于茎或枝的上端，披针形，绿色或紫红色，叶柄有槽，抱茎；圆锥花序侧枝基部有大的苞片，花淡红色、青紫色至黄色，花梗通常很短，花柱细长；球形浆果，红色；花期11月至次年3月。

【主要用途及生态贡献】用于庭园栽培，为观叶植物。

【地理分布】分布于中国南部热带地区。

129.番石榴

【又名】芭乐、鸡屎果、拔子、喇叭番石榴

【学名】*Psidium guajava* Linn.

【科属】桃金娘科番石榴属

【主要特征】常绿小乔木，高可达10多米；灰色树皮平滑，常见片状剥落，嫩枝被毛，具棱；叶片革质，椭圆形，叶缘全缘，先端钝尖，基部近于圆形，上面稍粗糙，下面有毛，叶片网脉明显，侧脉12—15对；花单生或2—3朵排成聚伞花序，花瓣白色；浆果球形或梨形，顶端有宿存的萼片，果肉白色或黄色，柔软，肉汁甜美，有特殊香味，营养丰富；种子多数；花果期几乎全年。

【主要用途及生态贡献】1.番石榴是优质水果。2.庭园绿化优质树种。3.叶、果可作药用。叶、果实用于泄泻、痢疾、小儿消化不良等的治疗。鲜叶还可外用于跌打损伤、外伤出血、臁疮久不收口等。

【地理分布】番石榴是一种适应性很强的热带果树。原产美洲热带，后传入中国。我国低纬度高温多雨的省区均有栽培。

130.假连翘

【又名】番仔刺、花墙刺、洋刺、篱笆树

【学名】*Duranta repens* L.

【科属】马鞭草科假连翘属

【主要特征】常绿灌木，高可达3米；茎直立，枝条常下垂，有皮刺，幼枝有柔毛。叶对生或轮生，纸质叶片卵状椭圆形或卵状披针形，顶端短尖或钝，基部楔形，全缘或中部以上有锯齿，有柔毛。总状花序顶生或腋生，常排成圆锥状，花冠通常蓝紫色。肉质核果球形，无毛，有光泽，直径约0.5厘米，熟时红黄色。在南方全年可为花果期。

【主要用途及生态贡献】1.是一种很好的篱笆绿化植物。2.果可入药，治疟疾。3.叶捣烂可敷治痈肿。

【地理分布】原产于热带美洲。中国南部常见栽培，常逸为野生。

131.马樱丹

【又名】五龙兰、臭草、五色梅、五彩花、臭金凤、五色绣球、变色草等。

【学名】*Lantana camara* L.

【科属】马鞭草科马樱丹属

【主要特征】马樱丹为直立或半蔓性常绿小灌木。植株有臭味，高1—2米。茎、枝均呈四方形，有糙毛，常有下弯的钩刺。单叶对生，叶柄长约1厘米，两面粗糙且披短柔毛，叶缘具钝齿；头状花序腋生，花冠细筒状，颜色有橙色、黄色、粉红色至深红色等多种；圆球形果实，成熟时紫黑色。几乎全年开花。

【主要用途及生态贡献】1.叶、根、花可作药用，有清热解毒、祛风止痒、散结止痛之功效。2.我国各地园林栽培，供观赏。

【地理分布】原产美洲热带地区，我国南方高温多雨地区常见，且见逸为野生。世界热带地区均有分布。

132.米兰花

【又名】真珠兰、珍珠兰、金粟兰、鱼子兰、茶兰、鸡爪兰

【学名】*Aglai aodorata* Lour.

【科属】楝科米仔兰属

【主要特征】常绿灌木，高达3米，羽状复叶互生，花呈黄色，味极香，直径约0.2厘米。两性花梗稍短而粗，花萼5裂，花瓣5枚，长圆形；浆果近球形，长1—1.2厘米，花期夏、秋间。

【主要用途及生态贡献】花芳香，可用作庭园绿化、公园造景等。

【地理分布】原产亚洲南部，广泛种植于世界热带地区。我国的福建、广东、广西、四川、云南等地均有分布，北方多用于盆栽。

133.茉莉

【又名】奈花

【学名】*Jasminum sambac*（Linn.）Aiton.

【科属】木樨科茉莉属

【主要特征】直立或攀缘常绿灌木，高可达2米。枝条细长，小枝圆柱形，疏披柔毛。单叶，对生，卵圆形叶片，纸质，光亮。聚伞花序，顶生或腋生，有花3—12朵，花冠白色，极芳香；果实球形，熟时紫黑色。大多数品种的花期6—10月，果期7—11月。

【主要用途及生态贡献】1.为常见庭园及盆栽观赏芳香花卉。2.茉莉花可提取芳香茉莉花油。3.茉莉花可制花茶。4.花可入药，开郁避秽，理气和中。

【地理分布】我国亚热带、热带地区广为栽培。

134.桂花

【又名】金桂、银桂、丹桂、月桂、岩桂、木樨、九里香、金粟

【学名】*Osmanthus fragrans*（Thunb.）Lour.

【科属】木樨科木樨属

【主要特征】常绿小乔木或灌木，高达10米，树冠半球形；树干坚质皮薄，树皮灰褐色，小枝黄褐色，无毛。叶片革质，椭圆形或椭圆状，披针形全缘，通常上半部具细锯齿，两面无毛，经冬不凋；聚伞花序簇生于叶腋，花密，形小，两性，橙色、黄绿色、黄色等，极芳香，不同品种花期有差异。浆果椭圆形，熟时黑紫色，果期至次年2—3月（栽培品种一般不结果）。

【主要用途及生态贡献】桂花在中国用途极广，深受喜爱。1.以桂花做原料制作的桂花茶、桂花食品是中国特产。2.树美、花香、寓意好，桂花在园林建设中大量使用。3.以花、果实及根入药。秋季采花；春季采果；四季采根，分别晒干。花化痰止咳，散寒破结。4.可提取香料、香精。

【地理分布】我国淮河流域及以南的地区广泛栽种。

135.黄栀子

【又名】栀子、山栀子

【学名】*Gardenia jasminoides* Ellis.

【科属】茜草科栀子属

【主要特征】常绿小乔木或灌木，株高可达2.5米。对生革质叶光亮，长椭圆形，先端钝，基部楔形，绿色，叶脉明显，全缘。花单生于枝端或叶腋，花瓣六，白色，极芳香，花期春至夏，果卵形，成熟时黄色，果熟期10月。

【主要用途及生态贡献】1.庭园、公园绿化种苗。2.果实可提炼天然色素，用作食品添加剂。3.果实、叶、花、根可入药。具清热利尿、泻火除烦、凉血解毒、散瘀等功能。

【地理分布】产自中国长江流域以南的各省区。

136.希茉莉

【又名】醉娇花、希美丽、希美莉

【学名】*hamelia patens.*

【科属】茜草科长隔木属

【主要特征】多年生常绿灌木，株高达2.5米，树冠广圆形，黑褐色茎，粗壮。叶四枚，轮生，长披针形，纸质，表面深绿色，背面灰绿色，叶面粗糙，全缘；幼枝、幼叶及花梗被短柔毛，淡紫红色。聚伞圆锥花序，顶生，花呈管状，长2.5厘米，橘红色。花期几乎全年，全株具白色乳汁。

【主要用途及生态贡献】1.主要用于园林配植。2.可用于盆栽观赏。

【地理分布】主要分布于热带美洲。我国南部地区引进园林栽培。

137.龙船花

【又名】英丹、仙丹花、百日红、木绣球

【学名】*Ixora chinensis* Lam.

【科属】茜草科龙船花属

【主要特征】常绿小灌木，高可达2米；茎叶均无毛；叶对生，叶缘全缘，有时4枚轮生，几乎无柄，披针形，薄革质。聚伞形花序，顶生，有多朵花，花序具短梗，花冠裂片及雄蕊均4枚，有红色分枝，长6—7厘米，园艺上有红色、黄色、橙色等许多颜色的花。浆果近球形，双生，成熟时红黑色；种子上面凸，下面凹。园艺品种一年有多次花期。

【主要用途及生态贡献】为优秀绿化品种，适合庭园、宾馆、风景区布置。还广泛用于盆栽观赏。

【地理分布】中国主要分布于低纬度高温多雨地区。东南亚等热带地区也有种植。

138.鹅掌藤

【又名】七叶莲、七叶藤、七加皮、汉桃叶、狗脚蹄

【学名】*Schefflera arboricola* Hay.

【科属】五加科鹅掌柴属

【主要特征】常绿藤状灌木，小枝有不规则纵皱纹，无毛。有小叶7—9，偶有5—6或10；小叶片革质，倒卵状长圆形，叶柄纤细，状似鹅掌。圆锥花序顶生，花白色，花期7月，浆果卵形，果期8月。

【主要用途及生态贡献】1.盆栽或庭园、公园栽培。2.可入药。鹅掌藤的皮，可治风湿性关节痛、跌打损伤、骨折、斑痧毒等，亦可治感冒、咽喉肿痛、发热等症状。叶可消炎消肿、骨折、跌打损伤和其他内外伤等。

【地理分布】主要分布于中国台湾、广西、广东地区。

139.杜鹃

【又名】山踯躅、山石榴、映山红

【学名】*Rhododendron simsii* Planch.

【科属】杜鹃花科杜鹃花属

【主要特征】常绿灌木或小乔木，高可达4米；分枝多，枝纤细，丛生，密被褐色毛；革质叶互生，呈椭圆形，先端尖，基部楔形，全缘，两面均被毛；花2—6朵簇生枝端，花冠阔漏斗状或钟状，单瓣或重瓣，花色艳丽，有红色、粉红色、玫瑰红色、杏红色、淡紫色、粉白色、白色等。蒴果果瓣木质，种子纺锤形；4—6月开花，果期6—8月。

【主要用途及生态贡献】1.公园绿化使用，地栽、盆栽皆宜。2.花、茎、根均可入药，具有降压、利尿、镇咳、平喘祛痰的作用。

【地理分布】全世界的杜鹃花约有900种。作为优秀园艺栽培品种在全世界广为栽培。

140.巴西铁树

【又名】香龙血树、巴西木、金边香龙血树

【学名】*Dracaena fragrans.*

【科属】百合科龙血树属

【主要特征】常绿直立单茎小乔木，户外品种高可达5米，茎干粗大挺拔，株形整齐。叶簇生于茎顶，叶片长披针形，宽大，尖稍钝，弯曲成弓形，鲜绿色，有光泽，叶面具亮黄色或乳白色的条纹，叶缘具波浪状起伏。顶生圆锥花序，花小，乳黄色，具浓烈芳香气味。

【主要用途及生态贡献】颇为流行的室内大型盆栽花木。

【地理分布】巴西铁树原产热带地区。现作为室内盆栽花木在我国南部诸省较多栽培。

141.小叶黄杨

【学名】*Buxus sinica*（*Rehd.et Wils.*）*Cheng subs p.sinica var.*parvifolia M. Cheng.

【科属】黄杨科黄杨属

【主要特征】小叶黄杨为常绿灌木或小乔木；树干低矮，高1—2米；树干灰白色，光洁，枝条密生，枝圆柱形，小枝四棱形；对生叶薄革质，叶阔椭圆形，叶片亮绿色，侧脉明显凸出；头状花序，腋生，密集，花序被毛，花黄绿色，有香气；蒴果近球形；3月开花，5—6月结果。

【主要用途及生态贡献】1.绿篱或在花坛边缘栽植。2.全株可入药，可用于治疗心血管疾病、疟疾、梅毒、风湿、皮炎和狂犬病等。

【地理分布】中国安徽、浙江、福建、江西、湖南、湖北、四川、广东、广西等省区均有分布。

142.红花檵木

【又名】红继木、红桎木、红檵花、红桎花

【学名】*Loropetalum chinense* var.rubrum.

【科属】金缕梅科檵木属

【主要特征】檵木的变种，常绿灌木或小乔木；枝繁叶茂，树皮浅褐色，嫩枝红褐色，密被柔毛；叶革质互生，椭圆形，长2—5厘米，先端短尖，基部圆而偏斜，不对称，两面均被毛，叶缘全缘，表面暗红色，背面略淡；花3—8朵簇生于小枝端，丝带状花瓣4片，紫红色，盛开时满树红花，红红火火，甚为喜庆；褐色蒴果近卵形；种子卵圆形，黑色，光亮；花期3—5月，花期约30—40天，10月再次开花，果期8月。

【主要用途及生态贡献】1.优质园林绿化品种。2.根、叶、花、果可入药，具收敛止血、通经活络、清热解毒、止泻等功效。

【地理分布】主要分布于长江中下游及以南地区，印度北部地区也有分布。

143.金脉爵床

【又名】金叶木

【学名】*Sanchezia speciosa* J.Leonard.

【科属】爵床科黄脉爵床属

【主要特征】多年生常绿直立灌木，高可达2米，盆栽种植更矮；茎干半木质化，多分枝；叶对生，具短叶柄，叶面宽，叶片椭圆形，先端渐尖，基部宽楔形，叶缘为波状锯齿，嫩绿色叶片上有线条清晰、色彩光亮的金黄色叶脉；夏、秋季开出黄色的花，穗状花序顶生，花为管状，8—10朵成簇；花期夏、秋季。

【主要用途及生态贡献】园林观叶植物。

【地理分布】我国南方。

144.露兜

【又名】芦兜、露兜树、华露兜、假菠萝、勒菠萝、山菠萝、林投

【学名】*Pandanus tectorius*.

【科属】露兜树科露兜树属

【主要特征】常绿多年生有刺灌木，高1—2米或更高，直立，有分枝。树干生有多数支柱根支撑树干；叶聚生于茎顶，带状披针形，硬革质，长达1.5米，宽3—5厘米，先端尾状渐尖，叶正面光亮，叶缘和背中脉有尖刺，广东沿海的人常用露兜叶包粽子；夏、秋季开花，香气浓烈，雌雄异株，雄花花序稍倒垂，苞片披针形，雌花呈头状；单生果大，近球形，夏、秋季成熟，熟时黄红色，由40—60个小核果集合成复果，球形，形似菠萝，内部种子味香甜，可食用，口感与花生相似。

【主要用途及生态贡献】1.叶可编制各种工艺品。2.公园绿化树种。3.根、花、叶、果和果核均可入药，可治肾炎水肿等。

【地理分布】亚洲和大洋洲的热带海岸地带，我国低纬度高温多雨的沿海省区均有分布。

145.福建茶

【又名】基及树、猫仔树

【学名】*Carmona microphylla*（Lam.）Don.

【科属】紫草科基及树

【主要特征】常绿灌木，高可达3米；树皮褐色；枝叶繁茂，叶在长枝上互生，

在短枝上簇生，深绿色革质小叶，倒卵形，边缘常反卷，先端有粗圆齿，表面有光泽，叶背粗糙；聚伞花序腋生，或生于短枝上，花冠白色或稍带红色；核果球形，成熟时红色或黄色；花期长，春、夏、秋季均可开花结果，形成绿叶白花、绿叶红果相映衬的景观。

【主要用途及生态贡献】1.可在公园、厂区绿化种植观赏，也是绿篱造型、盆景制作的好材料。2.中医可用于疗疮的治疗。

【地理分布】亚洲南部、东南部及大洋洲的高温多雨地区均有分布。

146.灰莉

【又名】非洲茉莉、华灰莉

【学名】*Fagraea ceilanica* Thunb.

【科属】马钱科灰莉属

【主要特征】灰莉是常绿灌木，有时缠绕其他树木呈攀缘状，株形美观；树

皮灰色，全株无毛；圆柱形小枝粗厚，老枝上有托叶痕及叶痕；叶片长圆状披针形，顶端渐尖，基部楔形，叶面深绿色，青翠欲滴，叶稍肉质；花单生或组成顶生二歧聚伞花序，花大，带芳香，花萼绿色，花冠漏斗状；浆果近圆球状，淡紫色，有光泽，基部有宿萼；种子椭圆状，肾形，藏于果肉中；花期夏、秋季，果期冬季至次年春季。

【主要用途及生态贡献】是优良的庭园、室内观叶植物。

【地理分布】中国南方、印度、斯里兰卡、缅甸、泰国、老挝等地均有分布。

147.红绒球

【又名】红合欢、美蕊花、朱缨花、美洲合欢

【学名】*Calliandra haematocephala*.

【科属】含羞草科朱缨花属

【主要特征】常绿灌木或小乔木；灰褐色小枝扩展，粗糙，皮孔细密；二回羽状复叶，羽片互生，小叶对生，披针形；花冠呈圆球形，头状花序生于叶腋，丝绒状花丝艳红色，聚成可爱的小红绒球，花开热情似火，新奇可爱。荚果线状，倒披针形，暗棕色，成熟时由顶至基部沿缝线开裂，果瓣外反；种子长圆形，棕色。花期秋季；果期冬季；同属种类有朱缨花和大朱缨花。

【主要用途及生态贡献】1.大型盆栽或庭园、校园、公园等的观赏树种，深大花槽栽植、修剪整形。2.树皮可入药，具有利尿，驱虫的功效。

【地理分布】我国华南地区广泛栽种。

▼

第四章

落叶灌木

148.黄槐

【又名】黄槐、粉叶决明、黄槐决明

【学名】*Cassiasurattensis* （Berm.f.）H.S.Irwin et Barneby.

【科属】豆科决明属

【主要特征】落叶小乔木或灌木状。羽状复叶，倒卵状椭圆形，先端圆。基部稍偏斜；叶轴下部2对或3对小叶，之间有一棒状腺体。花大，鲜黄色，荚果扁平，条形，开裂，顶端具细长的喙，果颈长约0.5厘米，果柄明显；种子10—12颗，有光泽。在热带地区花果期几乎全年。

【主要用途及生态贡献】1.为优良的行道树，孤植树树种。2.叶可药用，具有清凉解毒、润肺的功效。

【地理分布】我国南部高温多雨地区。南亚、东南亚、澳大利亚和波利尼西亚等地均有分布。

149.紫薇

【又名】痒痒花、紫金花、紫兰花、西洋水杨梅、百日红、无皮树

【学名】*Lagerstroemia indica* L.

【科属】千屈菜科紫薇属

【主要特征】落叶小乔木或灌木，高可达6米；灰色树皮光滑，小枝纤细，具四棱，淡褐色；纸质叶椭圆形，互生或有时对生；顶生圆锥花序，花色大红、深粉红、淡红色或紫色、白色等多种；蒴果椭圆形，幼时绿色，成熟时呈紫黑色，室背开裂；种子有翅，长约0.8厘米；花期夏、秋季，果期冬季。

【主要用途及生态贡献】1.是观花、观干、观根的盆景良材。2.根、树皮、叶、花皆可入药。根和树皮煎剂可治咯血、吐血、便血等。树皮、叶及花为强泻剂。

【地理分布】原产自亚洲，广泛种植于热带地区。中国在温带、亚热带、热带湿润地区均有生长或栽培。

150.紫荆

【又名】裸枝树、紫珠、满条红

【学名】*Cercis chinensis* Bunge.

【科属】豆科紫荆属

【主要特征】落叶灌木，高2—4米，丛生或单生，小枝灰白色，树皮平滑，无毛；叶纸质，近三角状圆形，单叶互生，叶基部心形，两面无毛，叶缘全缘；花紫红色或粉红色，2—10朵成束，簇生于老枝和主干上，有老干生花的特点，越到上部的幼嫩枝条花越少，通常在早春先于叶开放，花瓣基部具深紫色斑纹，花蕾光亮无毛，后期则密被短柔毛。荚果扁长形，未熟时绿色，熟时黑色，内有种子3—6颗，种子近球形，黑褐色，光亮；花期3—4月，果期8—10月。

【主要用途及生态贡献】1.可用于小区的园林绿化，具有较好的观赏效果。2.树皮、花皆可入药。树皮可治产后血气痛、疔疮肿毒、喉痹等症；花可治风湿筋骨痛等症。

【地理分布】中国南部地区均有分布。

151.石榴

【又名】安石榴、山力叶、丹若、若榴木、金罂、金庞

【学名】*Punica granatum* L.

【科属】石榴科石榴属

【主要特征】落叶乔木或灌木，高3米；树冠丛状球形。树根黄褐色；生长强健，根际易生根蘖；树干呈灰褐色，上有瘤状突起，枝干多向左方扭转。纸质单叶，披针形，通常对生或簇生，无托叶；花顶生或近顶生，单生或几朵簇生或组成聚伞花序，近钟形；浆果球形，顶端有宿存花萼裂片，通常淡黄色，果皮厚，革质；种子多数，钝角形，外种皮肉质，半透明，酸甜多汁可食用，果熟期9—10月。

【主要用途及生态贡献】1.著名优质水果，营养丰富。2.庭园、公园绿化树种。3.石榴皮等可入药。有涩肠止泻、止血、驱虫的功效，还可治疗痢疾、肠风下血、虫积腹痛、疥癣等症。

152.番荔枝

【又名】赖球果、佛头果、释迦果

【学名】*Annona squamosa* Linn.

【科属】番荔枝科番荔枝属

【主要特征】落叶小乔木，高达4米，树皮薄，灰白色，多分枝。互生叶，薄纸质，椭圆状披针形，叶面绿色，叶背淡绿色，侧脉上面扁平，下面凸起；花单生，或2—4朵聚生于枝顶，或与叶对生，青黄色，花蕾披针形，果实由多数椭圆形的成熟心皮连成易于分开的圆球状聚合浆果，浆果无毛，黄绿色，外面被白色粉霜，果肉甜，可食用。黑褐色种子光滑，扁平，形似瓜子，花期初夏，果期8—9月。

【主要用途及生态贡献】1.果可食用，外形酷似荔枝，故名"番荔枝"，为热带地区著名水果。2.树皮纤维可造纸。3.庭园绿化、造景树种。4.其根可作泻药。5.叶可用于伤口消毒。

【地理分布】原产热带美洲，现全球热带高温多雨地区有栽培。中国热带省区均有栽培。

153.无花果

【又名】阿驵、阿驿、映日果、优昙钵、蜜果、文仙果、奶浆

【学名】*Ficus carica* Linn.

【科属】桑科榕属

【主要特征】落叶灌木，高3—10米，树冠稀疏，树皮灰褐色，粗壮小枝直立，平滑，无毛；叶互生，厚纸质，宽卵圆形，长、宽近相等，通常3—5裂，小裂片卵形，边缘具不规则钝齿，表面粗糙，叶柄长2—5厘米，背面具短柔毛；雌雄异株，雄花和瘿花同生于一榕果内壁；榕果近梨形，幼时绿色，成熟时紫红色或黄色，榕果内有小种子多数；果实味甜，营养丰富；花果期5—7月。

【主要用途及生态贡献】1.无花果味甜，深受人们喜爱，可直接当作水果食用，还可加工制成果脯、果酱等。2.具有一定的观赏价值，是良好的园林及庭园绿化观赏树种。

【地理分布】原产地中海沿岸。现中国南北方均有栽培，新疆南部尤多。

154.柠檬

【又名】柠果、洋柠檬、益母果

【学名】*Citrus limon*（L.）Burm.f.

【科属】芸香科柑橘属

【主要特征】落叶小乔木或灌木，枝有刺，灰褐色；嫩叶及花芽暗紫红色，叶片厚纸质，卵形或椭圆形，叶缘带细齿；单花腋生或少花簇生，芳香；柑果椭圆形或卵形，果皮厚，通常粗糙，柠檬黄色，果皮芳香，果汁甚酸，却为人们喜爱；种子小，卵形，端尖；种皮平滑，子叶乳白色，通常单胚或兼有多胚。花期4—5月，果期9—11月。

【主要用途及生态贡献】1.是优良盆栽观赏植物。2.优质水果，有食疗和药疗功能。柠檬富含维生素C，它是维生素C缺乏症的克星，还能生津健胃、化痰止咳等。

【地理分布】我国长江以南的地区均有栽培。地中海气候区为主要产地。

155.玫瑰

【又名】徘徊花、刺玫花

【学名】*Rosa rugosa*.

【科属】蔷薇科蔷薇属

【主要特征】落叶灌木，直立丛生，绿褐色茎，枝密生刚毛与粗锐刺；奇数羽状复叶，小叶5—9，椭圆形至椭圆状倒卵形，钝锯齿，质厚，有皱纹，上面亮绿色，下面灰绿色，被柔毛或刺毛，叶柄及叶轴疏生小皮刺及腺毛。托叶大部与叶柄连合，具细锯齿。花单生或3—6朵集生，花径6—8厘米，花芳香，密被茸毛及刺毛，现已培育出花瓣紫红色、红色、黄色、白色等，单瓣或重瓣。蔷薇果实为梨果，球形，红色，萼片宿存。花期夏季，果期秋季，园艺栽培品种可实现全年开花不断。

【主要用途及生态贡献】1.玫瑰是城市绿化和园林的理想花木，有"花中皇后"之美称，是世界四大切花之一。2.花可制玫瑰茶和药用，还可提取香精。

【地理分布】全球中低纬度地区均有园艺栽培。

156.鸡蛋花

【又名】缅栀子、蛋黄花、印度素馨、大季花

【学名】*Plumeria rubra* L.cv.Acutifolia.

【科属】夹竹桃科鸡蛋花属

【主要特征】落叶灌木或小乔木。高约6米。树皮淡绿色，光滑无毛，树干粗壮，带肉质，具丰富乳汁，绿色，无毛。小枝肥壮，多肉，光滑。叶片匙状，硕大，厚纸质，全缘，叶多聚生于枝顶，叶脉显现。顶生聚伞状花序，花冠筒状，径约5—6厘米，5裂，裂片白色（园艺种有淡红色）基部蛋黄色，芳香。花期5—10月。蓇葖双生，广歧，圆筒形，种子斜长圆形，具有膜质的翅，果期一般为7—12月。

【主要用途及生态贡献】1.适合于庭园、草地栽植，也可盆栽。2.鸡蛋花经晾晒后可供药用，具有清热解暑、润肺、润喉等功效。

【地理分布】原产于美洲，中国的广东、广西、云南、福建等省区已引种栽培。

157.木芙蓉

【又名】木芙蓉、拒霜花、木莲、地芙蓉、华木

【学名】*Hibiscus mutabilis* Linn.

【科属】锦葵科木槿属

【主要特征】落叶大灌木或小乔木，高可达7米；茎具短柔毛；小枝、叶柄、花梗和花萼均密被细毛；灰绿色叶片宽大，掌状5—7裂，边缘有钝锯齿，两面均有黄褐色绒毛；花形大而美丽，生于枝梢，单瓣或重瓣，花梗长5—8厘米，着生小苞8枚，花钟形，秋季开花，清晨开花时呈乳白色或粉红色，傍晚变为深红色；蒴果扁球形，直径约2.5厘米，被淡黄色刚毛，果期冬季；种子肾形，背面被长柔毛。

【主要用途及生态贡献】1.优良绿化树种。2.叶、花可入药，有清热解毒，凉血止血之功效。

【地理分布】原产于中国湖南，分布于中国各地。日本和东南亚各国也有栽培。

158.枣

【又名】枣子、大枣、刺枣、贯枣

【学名】*Ziziphus jujuba* Mill.

【科属】鼠李科枣属

【主要特征】落叶小乔木或稀灌木,高达10余米;树皮褐色或灰褐色,粗糙开裂,枝条长满尖利的刺;椭圆形叶互生,叶缘有锯齿,叶柄长0.1—0.6厘米,无毛或有稀疏微毛,托叶亦有刺,后期常脱落;花黄绿色,两性,无毛,细小,具短总花梗,单生或密集成腋生聚伞状花序;核果长卵圆形,长2—3厘米,直径1—2厘米,成熟后红紫色,可供食用的中果皮为厚肉质、味甜,营养丰富,称为百果之王。种子长椭圆形,长约1厘米,宽0.8厘米。

【主要用途及生态贡献】1.宜在路旁、庭园、门前散植或成片栽植,既是绿化树,亦是果树;其老根古树干可作树桩盆景。2.枣鲜时可作水果,干时代粮,深受人们喜爱,还有较高的药用价值。

【地理分布】原产中国,我国各地广为栽培,亚洲、欧洲和美洲亦有栽培。

159.牡丹

【又名】鼠姑、鹿韭、白茸、木芍药、百雨金、洛阳花

【学名】*Paeonia suffruticosa* Andr.

【科属】毛茛科芍药属

【主要特征】落叶灌木,茎高1—2米,分枝短而粗;叶通常为二回三出复叶,顶生小叶宽卵形，3裂至中部，表面绿色无毛，背面淡绿色，有时具白粉，侧生小叶长卵圆形；花单生枝顶，单瓣或重瓣，花盘革质，杯状，花有玫瑰色、红紫色、粉红色、白色，园艺品种不同，花形花色不一，牡丹花大而香，雍容华贵，故有"国色天香"之称；蓇葖果长圆形，密生黄褐色硬毛；种子粒状；花期5月，果期6月。

【主要用途及生态贡献】1.在中国称为"花之富贵者也"，园艺领域广泛栽培。2.花可食用。3.根皮可入药，具有清热凉血、活血化瘀、退虚热等功效。

【地理分布】牡丹的园艺栽培遍布于中国各省市自治区。

▼

第五章

藤蔓（攀缘）植物

160.葡萄

【又名】提子、蒲桃、草龙珠、山葫芦、李桃

【学名】*Vitis vinifera* L.

【科属】葡萄科葡萄属

【主要特征】落叶木质藤本植物，小枝圆柱形，有纵裂纹，无毛；茎卷须2叉分枝，每隔2节间断与叶对生；纸质叶掌状分裂，显著3—5浅裂或中裂，边缘有22—27个锯齿，齿深而粗大，不整齐，中央小叶带状，披针形，椭圆形托叶，近似膜质，深褐色；圆锥花序密集或疏散，开黄色小花，与叶对生，基部分枝发达；浆果多为圆形或椭圆形，成熟时紫色或黄绿色（不同品种色泽、外形会有差异），外披蜡粉，多汁液，味酸甜。作为水果深受人们喜爱，也是酿酒的材料；种子倒卵圆形，顶端近圆形，花期4—5月，果期8—9月。

【主要用途及生态贡献】1.成熟葡萄酸甜多汁，是常见水果，可生食，或晒制葡萄干，抑或酿酒。2.可作庭园绿化使用。

【地理分布】原产于亚洲西部，世界各地均有栽培。

161.爬山虎

【又名】爬墙虎、地锦、红葡萄藤、巴山虎

【学名】*Parthenocissus tricuspidata*.

【科属】葡萄科地锦属

【主要特征】多年生大型落叶木质藤本植物，藤茎可长达18米；圆柱形小枝，

微被稀疏柔毛或几无毛；单叶，叶片倒卵圆形，略肥厚，互生，基部楔形，但有很多变异，常3裂，边缘有粗锯齿；叶脉对称，秋季变为鲜红色；夏季开花，聚伞花序常着生于两叶间的短枝上，花小，两性花多，雌雄同株，浆果小球形，成熟时蓝黑色，表皮被白粉，有甜味，鸟类喜食；花期初夏，果期深秋时节。

【主要用途及生态贡献】1.爬山虎在绿化中已得到广泛应用，尤其在立体绿化中发挥着举足轻重的作用。2.爬山虎的根、茎可入药，散瘀血、消肿毒等。

【地理分布】朝鲜、日本有分布。我国的南方地区都有分布。

162.五叶爬山虎

【又名】五叶地锦

【学名】*Parthenocissus quinquefolia*（L.）Planch.

【科属】葡萄科地锦属

【主要特征】是落叶木质藤本植物。小枝圆柱形，无毛。卷须顶端嫩时尖细卷曲，遇附着物后成吸盘；叶为掌状5小叶，小叶倒卵形，顶端渐尖，基部阔楔形，叶缘有锯齿，表面亮绿色，背面浅绿色，两面无毛，叶脉不明显，叶柄无毛；多歧聚伞花序，花蕾椭圆形，萼片碟形，无毛；花瓣，花药长椭圆形，花盘不明显，子房卵锥形；浆果球形，有种子1—4粒，种子倒卵形，花期6—7月，果期8—10月。

【主要用途及生态贡献】1.是绿化墙面、山石等的主要树种，也是垂直绿化的好材料。2.因其长势好，还可做地被植物。

【地理分布】原产于北美。中国东北、华北各地均有栽培。

163.锦屏藤

【又名】蔓地榕、珠帘藤、一帘幽梦、富贵帘

【学名】*Cissu ssicyoide*s L.

【科属】葡萄科白粉藤属

【主要特征】多年生常绿草质藤蔓植物；攀缘茎，呈圆柱状，嫩茎光滑，灰白色老茎粗糙，茎枝具纤细卷须；气生根线形，着生于茎节处，短截的气生根可分生多条侧根，下垂生长，初生气根红褐色，质地光滑脆嫩，后变黄绿色，柔韧；单叶片互生，叶色深绿，阔卵形，叶尖渐尖，叶基心形，叶缘微具钝齿，叶柄绿色，羽状叶脉，叶面平展；多歧聚伞花序，与叶片对生，花小，呈白绿色，两性花，花冠十字形，花盘杯状；浆果圆形，单核，成熟时紫黑色；花期7—10月，果期11—12月。

【主要用途及生态贡献】主要应用于棚架、绿廊等的垂直绿化。

【地理分布】原产于热带美洲，中国温暖湿润的热带、亚热带地区均有栽培。

164.常春藤

【又名】中华常春藤、爬树藤

【学名】*Hedera nepalensis var.sinensis.*

【科属】五加科常春藤树

【主要特征】常绿藤本灌木，茎软，其上有许多附生气生根，可以吸附到其他物体或植物上，叶互生，叶柄较长，全缘或3—12浅裂。伞房花序，花小，两性，略显绿色，花柱联合成为短柱体，浆果状核果。

【主要用途及生态贡献】1.在立体绿化中发挥着很好的作用。2.常春藤全株可供药用，有舒筋散风之效，茎叶捣碎治衄血，也可治痛疽或其他初起肿毒等。

【地理分布】我国广大区域内均有种植。越南也有分布。

165.牵牛花

【又名】黑丑、白丑、二丑、喇叭花、牵牛

【学名】*Pharbitis nil*（L.）Choisy.

【科属】旋花科牵牛属

【主要特征】一年生攀缘草本，茎上皮毛。叶宽卵形，先端短尖，基部心形，全缘，叶面披白色长毛。花1—5朵成簇，腋生，花梗多巧，叶柄等长，花萼裂片卵状披针形，长约1.5厘米，基部皆被伏刺毛，花冠喇叭状，通常为蓝紫色、粉红色或白色，花朵迎朝阳而放。蒴果球形，种子黑色，披褐色短柔毛。花期7—8月，果期9—10月。

【主要用途及生态贡献】1.常见的绿化观赏植物。2.种子有药用价值，用于气逆喘咳、虫积腹痛、蛔虫病、绦虫病等的治疗。

【地理分布】我国各地均有分布。

166.鸡蛋果

【又名】百香果、西番莲、洋石榴

【学名】*Passiflora edulis* Sims.

【科属】西番莲科西番莲属

【主要特征】鸡蛋果为草质藤本植物，长可达8米；主根不明显，侧根发达；无毛茎具细条纹；纸质叶基部楔形或心形，掌状3深裂，中间裂片卵形，两侧裂片卵状长圆形，裂片边缘有内弯腺尖细锯齿，近裂片缺弯的基部有1—2个杯状小腺体，无毛。聚伞花序退化仅存1花，与卷须对生，花瓣5枚，花芳香，浆果卵球形，表皮光滑无毛，幼时绿色，熟时紫色或黄色；种子多数，小卵形。花期春、夏季，果期秋、冬季。

【主要用途及生态贡献】1.其果可生食或作蔬菜、饲料等。2.果可入药，具有兴奋、强壮之效。3.可作庭园观赏植物。

【地理分布】栽培于广东、广西、海南、福建、台湾，有时亦生长于海拔180—1900米的山谷丛林中。原产大、小安的列斯群岛，广植于热带和亚热带地区。

167.龟背竹

【又名】蓬莱蕉、龟背蕉、龟甲竹

【学名】*Monstera deliciosa* Liebm.

【科属】天南星科龟背竹属

【主要特征】多年生木质藤本攀缘性常绿灌木，茎绿色，粗壮，周延为环状，余光滑叶柄绿色；叶片大，轮廓心状卵形，边缘羽状分裂，叶厚革质，表面发亮，淡绿色，背面绿白色，因叶似乌龟的甲壳，因此得名"龟背竹"；佛焰苞苍白带黄色，淡黄色肉穗花序近圆柱形；浆果红色，柱头周围有青紫色斑点；花期秋季，果于花期之后的次年春季成熟。

【主要用途及生态贡献】1.常用于盆栽观赏，点缀客厅和窗台，较为普遍。亦是极好的垂直绿化材料。2.果实味美可食，但常具麻味。

【地理分布】中国南方高温多雨地区多露地栽培。北方多种于温室作盆栽。原产于中美洲，热带各地区多引种栽培，以供观赏。

168.春羽

【又名】春芋、羽裂喜林芋

【学名】*Philodenron selloum* Koch.

【科属】天南星科喜林芋属

【主要特征】多年生常绿观叶植物，高可达1.6米以上，株形优美；茎极短，直立，呈木质化，生有很多气生根，常攀爬于石上；叶柄坚挺而细长，可达1米，叶为簇生型，着生于茎端，叶片巨大，全叶为广心脏形，羽状深裂似手掌状，革质，浓绿而有光泽；厚革质佛焰苞宽卵形，近直立，舟状，肉穗花序近柱形，白色；浆果淡黄色，种子外皮红色；花期5—8月。

【主要用途及生态贡献】以盆栽养殖点缀室内，将其放置在大厅、办公室或者客厅、书房等处，十分适合。亦可垂直绿化用。

【地理分布】原产于巴西、巴拉圭等地。我国华南地区均有栽培。

169.红宝石喜林芋、绿宝石喜林芋

【又名】红宝石、绿宝石

【学名】*Philodendron imbe.*

【科属】天南星科喜林芋属

【主要特征】蔓性，茎节处气生根很发达，茎粗3厘米左右。革质叶呈三角状心形，长20—30厘米，宽10—15厘米，全缘，叶基裂端尖锐。羽状侧脉4—5对，柄长20—30厘米，新叶和嫩芽鲜红色，成年叶绿色至浓绿色。同科同属的、与之相似的是红苞蔓绿绒（P.cv.Wend—imbe），又名帝王蔓绿绒、绿帝王或绿宝石。红苞蔓绿绒株形和叶形与红背蔓绿绒基本相同。二者的主要区别是红苞喜林芋的叶片、叶柄和茎均为绿色，叶片上没有紫红色光泽，其茎顶的新梢和新生嫩叶片上的叶鞘也均为绿色。肉穗花序近圆柱形，白色。

【主要用途及生态贡献】园艺观赏。

【地理分布】原产于巴西。我国园艺引进栽培。

170.麒麟叶

【又名】麒麟尾、上树龙

【学名】 *Epipremnum* Schott.

【科属】天南星科麒麟叶属

【主要特征】木质藤本，茎粗壮，茎节处长气生根，常攀缘于石上或其他树上；叶大，羽状分裂，随着时间增长逐级脱落，小叶带状披针形，全缘，光滑无毛，革质；肉穗花序，无柄，圆柱形；花两性或下部为雌花，密集；花被缺；雄蕊4—6，花丝极短；子房倒圆锥形，有胚珠2或稍多颗生于近基生的胎座上，柱头无柄；浆果分离；种子肾形。

【主要用途及生态贡献】垂直绿化，室内盆栽。

【地理分布】我国南方南亚热带常绿阔叶林区、热带季雨林及雨林区。

171.绿萝

【又名】魔鬼藤、石柑子、竹叶禾子、黄金葛、黄金藤

【学名】*Epipremnum aureum*.

【科属】天南星科绿萝属

【主要特征】大型常绿藤本；常攀缘生长在雨林的岩石和树干上，其缠绕性强，气根发达，可以水培种植；成熟枝上叶柄粗壮，叶鞘长，叶片薄革质光滑，肥厚，翠绿色，通常（特别是叶面）有多数不规则的纯黄色斑块，全缘，不等侧的卵形或卵状长圆形，先端短渐尖，基部深心形，稍粗，两面略隆起；绿萝一般夏季开白色花，但室内栽培品种基本不开花。

【主要用途及生态贡献】是非常优良的室内攀藤观叶花卉植物之一。

【地理分布】原产所罗门群岛，现在作为室内观赏植物在世界各地广为栽培。

172.昙花

【又名】琼花、昙华、鬼仔花、韦陀花、月下美人

【学名】*Epiphyllum oxypetalum*（DC.）Haw.

【科属】仙人掌科昙花属

【主要特征】附生肉质灌木，高达5—6米，老茎木质化，圆柱状；分枝多数，扁状叶披针形，边缘大波浪状，基部渐狭成柄状，深绿色，中肋粗大，老株分枝产生气根；花单生于枝侧的小窠，漏斗状，于夜间开放，芳香（夜晚当花渐渐展开后，过1—2小时又慢慢地枯萎了，整个过程仅4小时左右，故有"昙花一现"之说，又有"月下美人"之誉），花托绿色，略具角，被三角形短鳞片；瓣状花被片白色，倒卵状披针形至倒卵形，边缘全缘；浆果长球形，无毛具纵棱脊；种子多数，肾形，亮黑色，具皱纹；花期5—10月。

【主要用途及生态贡献】1.为著名的观赏花卉，俗称月下美人、琼花等。2.花可入药，主治大肠热症、便秘、便血、肿疮、肺炎、痰中有血丝、哮喘等症。

【地理分布】世界各地广泛栽培；中国各省区常见栽培。

173.金银花

【又名】忍冬、金银藤、银藤、二色花藤、二宝藤、右转藤

【学名】*Lonicera japonica*.

【科属】忍冬科忍冬属

【主要特征】常绿或者落叶直立灌木或矮灌木（部分品种是缠绕藤本）。单叶，对生，稀轮生，全缘稀波状或浅裂，无托叶，稀具叶柄内托叶。花常成对腋生，稀花无柄、轮生；萼、花冠5裂，整齐或唇形；果实为浆果。花期5—8月。

【主要用途及生态贡献】1.适合在林下、林缘、建筑物背侧等处做地被栽培；还可以做绿化矮墙。2.利用其缠绕能力制作花廊、花架、花栏、花柱以及缠绕假山石等。3.具有广泛的药用价值和保健用途，有宣散风热，清解血毒之功效。

【地理分布】中国各省均有分布，种植区域主要集中在山东、陕西、河南、河北、湖北、江西、广东等地。朝鲜和日本也有分布，在北美洲逸生成难以清除的杂草。

174.凌霄

【又名】紫葳、吊墙花、倒挂金钟、五爪龙、上树蜈蚣、藤萝花、上树龙

【学名】*Campsis grandiflora*（Thunb.）Schum.

【科属】紫葳科紫葳属

【主要特征】落叶攀缘藤本；茎木质，表皮脱落，枯褐色，以气生根攀附于墙体、树干、石山之上；奇数羽状复叶，对生，短圆锥花序顶生，花萼钟状，花冠内面鲜红色，外面橙黄色；雄蕊着生于花冠筒近基部，花丝线形，细长；花药黄色，个字形着生；花柱线形，柱头扁平；蒴果顶端钝；花期夏、秋季。

【主要用途及生态贡献】1.是理想的垂直绿化材料。2.花、根、茎均可入药，治骨折、水肿等。

【地理分布】我国东部沿海各省区均有栽培；日本、东南亚各国也有栽培。

175.炮仗花

【又名】黄鳝藤、炮仗藤

【学名】*Pyrostegia venusta*（Ker—Gawl.）Miers.

【科属】紫葳科炮仗藤属

【主要特征】藤本，主干粗壮，小枝顶部有3叉丝状卷须。指状复叶对生，椭圆形小叶2—3枚，叶缘光滑；圆锥花序顶生，花冠橙色，筒状，似鞭炮，冬、春时红橙色的花朵累累成串，故有炮仗花之称。舟状果瓣革质，内有种子多列，薄膜质种子具翅；花期长。

【主要用途及生态贡献】1.是华南地区重要的攀缘花木。矮化品种可盘曲成各种图案，可作盆花栽培。2.花、叶可入药，有润肺止咳，清热利咽的功效，治肺痨、咽喉肿痛等症。

【地理分布】热带地区作为庭园观赏棚架植物广泛栽培。中国广东、海南、广西、福建、台湾、云南（昆明、西双版纳）等地均有栽培。

176.使君子

【又名】舀求子、史君子、四君子

【学名】*Quisqualis indica* L.

【科属】使君子科使君子属

【主要特征】攀缘灌木，高达6米；小枝被棕黄色短柔毛；叶对生，卵形，先端短渐尖，基部钝圆，叶片膜质，表面无毛，背面有时疏被棕色柔毛，幼时密生锈色柔毛；顶生穗状花序，组成伞房花序式，苞片线状披针形，被毛；使君子果实卵圆形，具明显的锐棱角5条，成熟时外果皮脆薄，呈栗色；种子纺锤形，白色；花期4—6月，果期8—10月。

【主要用途及生态贡献】1.种子为中药中最有效的驱蛔虫药之一。2.园林观赏中是良好的应用树种。

【地理分布】广泛分布于中国南方。印度、缅甸及菲律宾亦有分布。

177.龙吐舌

【又名】麒麟吐珠、珍珠宝草、珍珠宝莲、臭牡丹藤

【学名】*Clerodendrum thomsonae* Balf.

【科属】马鞭草科赪桐属

【主要特征】攀缘状灌木，幼枝四棱形，被黄褐色短绒毛，老时无毛。叶片纸质，狭卵形或卵状长圆形，顶端渐尖，基部近圆形，全缘；聚伞花序腋生或假顶生，二歧分枝；苞片狭披针形；花萼白色，基部合生，中部膨大，裂片三角状卵形，顶端渐尖；花冠深红色，外被细腺毛，裂片椭圆形；雄蕊4，与花柱同伸出花冠外；柱头2浅裂。核果近球形，外果皮光亮，棕黑色；宿存萼不增大，红紫色。花期3—5月。

【主要用途及生态贡献】1.作盆栽观赏，点缀窗台和小庭园。2.茎、叶均可入药，有凉血清热、解毒消肿之功效。

【地理分布】分布于非洲西部、墨西哥等地，中国也有栽培。

178.油麻藤

【又名】禾雀花、雀儿花

【学名】*Caulis* Mucunae.

【科属】豆科油麻属

【主要特征】常绿木质左旋大藤本，茎长可达30米以上。三出羽状复叶，互生，革质，顶生小叶卵状椭圆形，侧生小叶斜卵形，全缘。总状花序，花大蝶形下垂，状似禾花雀，花萼外被浓密绒毛，钟裂，裂片钝圆或尖锐；花冠深紫色或白色；荚果扁平，种子扁，近圆形，棕色。

【主要用途及生态贡献】在围墙、陡坡、岩壁等处生长良好，也是垂直绿化的优良藤本植物。

【地理分布】主产于福建、云南、浙江、广东等。

179.木香藤

【又名】木香、七里香

【学名】*Rosa banksiae*.

【科属】蔷薇科蔷薇属

【主要特征】为半常绿攀缘灌木。树皮灰褐色，薄条状脱落。小枝绿色，近无皮刺。奇数羽状复叶，小叶3—5枚，椭圆状卵形，缘有细锯齿。伞形花序，花白色或黄色，单瓣或重瓣，具浓香。梨果小球形，红色，萼片宿存。

【主要用途及生态贡献】1.园林中广泛用于花架、格墙、篱垣和崖壁的垂直绿化。2.根可入药，有消肿止痛的功效。

【地理分布】原产于中国西南部，各地广泛栽培。

180.云南黄素馨

【又名】野迎春、梅氏茉莉、云南迎春、云南黄素馨、金腰带、南迎春、金铃花

【学名】*Jasminum mesnyi* Hance.

【科属】木樨科素馨属

【主要特征】直立或攀缘灌木，高0.4—3米。小枝褐色或黄绿色，当年生枝，草绿色，扭曲，四棱，无毛。叶互生，复叶，小叶3或5枚，稀有7枚，小枝基部常有单叶。花通常单生于叶腋，花冠黄色，漏斗状，花期11月至次年8月；果期3—5月，果椭圆形。

【主要用途及生态贡献】1.园艺栽培种供观赏。2.叶、花可入药。叶可解毒消肿，还有止痛止血的功效；花具有清热利尿的功效。

【地理分布】原产于四川西南部、贵州、云南。生于峡谷、林中，现作为绿化品种在南方广为栽种。

181.葫芦

【又名】葫芦壳、抽葫芦、壶芦、蒲芦

【学名】*Lagenaria siceraria*（Molina）Standl.

【科属】葫芦科葫芦属

【主要特征】一年生攀缘草本植物，藤可长达16米，有好的爬藤能力；叶柄纤细，有和茎枝一样的毛被，顶端有2腺体；叶片卵状心形或肾状卵形，两面均被微柔毛，叶背及脉上较密。卷须纤细，初时有微柔毛，后渐脱落，变光滑无毛，雌雄同株，雌、雄花均单生。果实初为绿色，后变为白色，最后变为白中带黄的颜色，由于长期栽培，果形变异很大，成熟后果皮变为木质。种子白色，盾状。花期夏季，果期秋季。

【主要用途及生态贡献】1.成熟后外壳木质化，中空，可作各种容器，水瓢或儿童玩具等。2.葫芦的干燥种子可入药，有止泻，引吐的功效，用于热痢、肺病、皮疹等症。3.果未成熟的时候收割可作为蔬菜食用。4.可作为公园、庭园、农庄等的绿化用优质苗木。

【地理分布】中国各地广泛栽培。世界热带到温带地区亦广泛栽培。

182.大花老鸦嘴

【又名】山牵牛

【学名】*Thunbergia grandflora* Roxb.

【科属】爵床科山牵牛属

【主要特征】粗壮木质大藤本，全株茎枝密被粗毛；叶厚，单叶对生，阔卵形，基部心形，叶缘有角或浅裂；花大而繁密，腋生，有柄，多朵单生下垂成总状花序，叶状苞片2枚，初合生，后一侧开裂成佛焰状苞片，有微毛，花萼退化，花冠喇叭状；初花蓝色，盛花浅蓝色，末花近白色；花期长，观赏性强；蒴果下部近球形，上部具长喙，开裂时似乌鸦嘴；花期7—10月，果期8—11月。

【主要用途及生态贡献】1.观赏植物，可用作垂直绿化。2.根皮、茎、叶等均可入药。根皮可用于跌打损伤、骨折、经期腹痛、腰肌劳损等症；茎、叶可用于蛇咬伤、疮疖等症；叶还可以治胃痛等。

【地理分布】原产于孟加拉国、泰国、印度、中国，广植于热带和亚热带地区。

183.簕杜鹃

【又名】宝巾、三角花、紫三角、红三角、三角梅

【学名】*Bougainvillea spectabilis* Willd.

【科属】紫茉莉科叶子花属

【主要特征】常绿藤状灌木；茎粗壮，枝下垂，枝条具刺，枝生疏柔毛；纸质叶片椭圆形，腋生，基部心形，有柄，叶密生柔毛；花序腋生或顶生，苞片叶子状，洋红色、紫红色、白色、黄色，基部圆形，花被管柱形，密被柔毛，花期冬春间，园艺种可做到全年开花；子房具柄；果实长1—1.5厘米，密生毛。

【主要用途及生态贡献】1.庭园绿化，做花篱、棚架植物，花坛、花带的配置。2.花可药用，具有解毒清热、调和气血的功效。对治疗妇女月经不调、疮毒有一定的效果。

【地理分布】原产于热带美洲地区。中国南方地区广为栽培，以供观赏。

184.夜来香

【又名】夜香花、夜光花、木本夜来香、夜丁香

【学名】*Cestrum Nocturnum* L.

【科属】茄科夜香树属

【主要特征】直立或近攀缘状常绿灌木。小枝被柔毛，黄绿色，老枝灰褐色，渐无毛，略具皮孔，叶膜质，卵状长圆形至宽卵形，互生，表面有光泽，伞房状聚伞花序，腋生或顶生，花白色或淡绿色，夜间开放，开花时散发出浓烈的香气，故名夜来香。浆果矩圆状，有1颗种子，种子长卵状。花期5—7月，果期7—8月。

【主要用途及生态贡献】1.夏季植株可以驱蚊。2.园林栽培，以供观赏。3.夜来香的花和花蕾可以药用，有清肝明目之功效，可治疗目赤肿痛，麻疹上眼、角膜云翳等症。

【地理分布】广植于热带及亚热带地区，中国南方常见栽培，北方有盆栽。

185.猕猴桃

【又名】狐狸桃、藤梨、羊桃、木子、毛木果、奇异果、麻藤果

【学名】*Actinidia chinensis* Planch.

【科属】猕猴桃科猕猴桃属

【主要特征】大型落叶木质藤本植物；枝褐色，披柔毛；纸质叶近圆形或宽倒卵形，顶端钝圆，基部心形，边缘有芒状小齿，表面有疏毛，背面密生灰白色绒毛；聚伞花序，花开时乳白色，后变黄色，单生或数朵生于叶腋；浆果卵形，成熟后椭圆形（不同品种，形状、颜色有差异），密被黄棕色有分枝的长柔毛，果内是亮绿色果肉和黑色的小种子；因果实鲜美，猕猴喜食，故名猕猴桃；亦有说法是因为果皮覆毛，貌似猕猴而得名。花期5—6月，果期8—10月。

【主要用途及生态贡献】1.猕猴桃是一种品质鲜嫩，营养丰富，风味鲜美的水果。2.庭园绿化，可做花篱、棚架植物等。

【地理分布】原产于中国，新西兰、智利、意大利、法国、日本和中国都是猕猴桃生产大国。

186.薜荔

【又名】凉粉子、木莲、凉粉藤

【学名】*Ficus pumila* Linn.

【科属】桑科榕属

【主要特征】茎攀缘或匍匐状灌木，不结果，枝节上生不定根；结果，枝上无不定根；叶两型，革质，不结果，枝节上呈卵状心形，长约2.5厘米，叶柄很短；结果枝节上呈卵状椭圆形，长5—10厘米，叶柄长0.5—1厘米；基生叶脉延长，网状脉3—4对，网状脉明显；雄花生于果实内壁，多数，花被片2—3，雄蕊2枚，雌花生于榕果内壁口部，花柄长；瘦果近球形，有黏液。花果期5—8月。

【主要用途及生态贡献】1.薜荔在园林绿化方面可用于垂直绿化，观赏价值高。2.可制作凉粉。3.藤叶可入药，具有祛风、利湿、活血、解毒等功效，对风湿痹痛、泻痢、淋病、跌打损伤、痈肿疮疖、消炎有功效。

【地理分布】原产于我国南方，北方偶有栽培。日本、越南北部也有。

第六章

棕榈类

187.棕榈

【又名】棕衣树、棕树、棕骨

【学名】*Trachycarpus fortunei*（Hook.f.）H.Wendl.

【科属】棕榈科棕榈属

【主要特征】常绿小乔木，株高3—8米，树干直立不分枝，为叶鞘形成的暗褐色棕衣包裹，在树干上呈节状分布；叶具长柄，簇生于顶，径可达0.8米，掌状深裂，裂片线形、披针形，具二尖裂，叶柄长约1米，两侧有刺；花期4—5月，花小、黄白色，肉穗花序，外有淡黄色佛焰苞包着；核果，扁平心脏形，径约1厘米，果期秋季，成熟的果子青黑色。

【主要用途及生态贡献】1.棕榈树作为绿化树木适于四季观赏。2.木材可以制器具。3.棕榈叶鞘为扇子型，有棕纤维，叶可制扇、帽等工艺品。4.棕皮及叶柄（棕板）煅炭入药有止血作用。

【地理分布】主要分布于长江流域。

188.大王椰子

【又名】王棕、文笔树、假槟榔

【学名】*Roystonea regia*（Kunth）O. F. Cook.

【科属】棕榈科大王椰子属

【主要特征】单树干，高耸挺直，可达15—20米，树形美；树干平滑，上具明显叶痕环纹，茎基部会有不定根伸展，幼株基部膨大，成年株中央部分稍膨大；叶羽状全裂，巨大，长达3—4米，簇生于枝干顶部；小叶带状，披针形，叶鞘绿色，环抱茎顶；肉穗花序着生于最外侧的叶鞘处；花乳白色，花序长达1.5米，多分枝，佛焰苞开花前像垒球棒，雌雄同株；果为浆果，近球形，淡紫色，含种子一枚。花期3—4月，果期10—11月。

【主要用途及生态贡献】可作园林观赏树木、行道树。

【地理分布】原产于中美洲，是古巴的国树。现广泛种植于热带、亚热带地区。

189.丝葵

【又名】老人葵、丝树、扇叶葵

【学名】*Washingtonia filifera*（Lind.ex Andre）H.Wendl.

【科属】棕榈科丝葵属

【主要特征】常绿乔木，树干端直，主茎不分枝，高可达20—25米。叶折扇形，掌状深裂，裂片边缘有纤维丝，叶柄较长，边缘有细齿。圆锥花序，花两性，花小，白色，核果椭圆形，熟时黑色。

【主要用途及生态贡献】广泛应用于各种园林景观项目，可作为园林观赏树木、行道树、室内观赏树种等。

【地理分布】我国华南地区为主要栽培区域。

190.蒲葵

【又名】扇叶葵、葵树

【学名】*Livistona chinensis*（Jacq.）R.Br.

【科属】棕榈科蒲葵属

【主要特征】常绿植物，乔木；叶大，阔肾状扇形，有多数2裂的裂片；叶柄的边缘有刺；花小，两性，为具长柄、分枝的圆锥花序由叶丛中抽出；佛焰苞多数，管状；花萼和花瓣3裂；雄蕊6，花药心形；子房由3个近离生的心皮所成，花柱短；胚珠单生，基生；果为一球形或长椭圆形的核果。种子椭圆形或球形或卵球形，腹面有凹穴，胚乳均匀，胚侧生。

【主要用途及生态贡献】1.蒲葵是一种庭园观赏植物和良好的街道、校园等地的绿化树种。2.其嫩叶编制葵扇；老叶制蓑衣等，叶裂片的肋脉可制牙签。3.蒲葵种子可入药，具有败毒抗癌、消淤止血之功效。对白血病、鼻咽癌、绒毛膜癌、食管癌等症有效果。

【地理分布】多分布在广东、广西、福建、台湾等地，广东江门市新会区种植尤多。中南半岛亦有分布。

191.鱼尾葵

【又名】假桄榔、青棕、钝叶、假桃榔

【学名】*Caryota ochlandra Hance*.

【科属】棕榈科鱼尾葵属

【主要特征】常绿乔木状植物；高10—15米，茎竹筒状，绿色，茎被白色绒毛，具环状叶痕，树形高大优美；茎干直立不分枝，叶大型，二回羽状全裂，革质叶片厚，大而粗壮，小叶上部有不规则齿状缺刻，先端下垂，酷似鱼尾，故名"鱼尾葵"；佛焰苞包裹下垂，肉穗花序长达数米，花3朵簇生，小花黄色，一串串，像是铜钱串；果实球形，幼时绿色，成熟后紫红色，像一串串的葡萄，甚为可爱（但果实浆液有轻微毒性，与皮肤接触后会有过敏反应，能导致皮肤瘙痒等）；花期7月，果实成熟时间长达2年。

【主要用途及生态贡献】1.树形美丽，可作庭园绿化植物。2.茎髓含有淀粉，可作桄榔粉的代用品。3.根和茎可入药，对感冒等症状有效。

【地理分布】鱼尾葵原产于亚洲和大洋洲。我国低纬度高温多雨地区也有分布。

192.董棕

【又名】酒假桄榔、果榜

【学名】*Caryota urens Linn.*

【科属】棕榈科鱼尾葵属

【主要特征】常绿观叶植物，乔木状，高可达25米，茎黑褐色，花瓶状，具明显的环状叶痕。弓状下弯；羽片宽楔形或狭的斜楔形，幼叶近革质，老叶厚革质；叶鞘边缘具网状的棕黑色纤维。具多数、密集的穗状分枝花序，果实球形至扁球形，成熟时红色。种子1—2颗，近球形或半球形。花期6—10月，果期5—10月。

【主要用途及生态贡献】1.木质坚硬，可作为水槽与水车的材料。2.髓心含淀粉，可代替西谷米。3.叶鞘纤维坚韧，可制作棕绳等。4.幼树茎茎尖可作蔬菜食用。5.树形漂亮，可作绿化观赏树种等。

【地理分布】分布于中国南方、印度、斯里兰卡、缅甸及中南半岛。

193.椰子

【又名】胥余、越王头、椰瓢、大椰

【学名】*Cocos nucifera* L.

【科属】棕榈科椰子属

【主要特征】椰树植株高大，属乔木状常绿植物；树干直，茎粗壮，高20—30米，有环状叶痕，无分枝，基部增粗，常有簇生小根；叶羽状全裂，巨大，长3—4米；裂片多数，外向折叠，革质；佛焰花序腋生，长达2米，坚果卵球状或近球形，果腔含有胚乳（即"果肉"或种仁），胚和汁液（椰子水），花果期主要在秋季，果实成熟时间可达1年。

【主要用途及生态贡献】1.椰汁及椰肉可食用。2.椰树树干等是建筑用材。3.椰子树形优美，常用于热带地区的绿化美化。4.果肉可入药，具有益气祛风，补虚强壮，消疳杀虫的功效。

【地理分布】椰子原产于东南亚、南亚至大洋洲，中国广东南部高温、多雨地区均有栽培。

194.国王椰子

【又名】佛竹、密节竹

【学名】*Ravenea rivularis* Jum.&H.Perrier.

【科属】棕榈科椰子属

【主要特征】常绿观叶植物，直立乔木状，茎有环状叶痕。叶簇生于茎顶，巨大，长达2—3米，羽状全裂，羽片多数。花序生于叶丛中，圆锥花序，长而木质化。花单性，雌雄同株，雄花小，多数，聚生于花序分枝的上部，雌花大，少数，生于分枝下部或有时雌雄花混生；覆瓦状排列，较萼片大，镊合状排列，雄蕊内藏，花丝粗，退化雌蕊极小；果实阔卵球状，外果皮光滑，中果皮厚而纤维质，内果皮骨质，坚硬。

【主要用途及生态贡献】可作为庭园配置、行道树等，作盆栽观赏甚雅。

【地理分布】原产于马达加斯加南部。引入我国后在华南各地广泛种植。

195.酒瓶椰子

【又名】匏茎亥佛棕

【学名】*Hyophore lagenicaulis.*

【科属】棕榈科酒瓶椰子属

【主要特征】常绿观叶植物，单干，树干短，形似酒瓶，高可达3米以上，最大茎粗0.38—0.6米。羽状复叶，小叶披针形，40—60对，叶鞘圆筒形。小苗时叶柄及叶面均带淡红褐色。由于其干茎膨大奇特，叶形别致优美。肉穗花序多分枝，油绿色。浆果椭圆形，成熟时黑褐色。

【主要用途及生态贡献】1.非常适宜庭园配置和盆栽观赏。还是少数能直接栽种于海边的棕榈植物。2.果实可食用。

【地理分布】原产于马斯克林群岛，我国台湾、广西、海南、广东、福建等地均有引种栽培。

196.棕竹

【又名】观音竹、筋头竹、棕榈竹、矮棕竹

【学名】*Rhapis excelsa*（Thunb.）Henry ex Rehd.

【科属】棕榈科棕竹属

【主要特征】常绿观叶植物，有叶节，有褐色网状纤维的叶鞘。丛生灌木，高2—3米，茎干直立圆柱形，有节，直径1.5—3厘米，茎纤细如手指，不分枝，有叶节，上部被叶鞘，但分解成稍松散的淡黑色马尾状粗糙而硬的网状纤维。肉穗花序腋生，花小，淡黄色，极多，单性，雌雄异株。果实球状倒卵形，种子球形，花期4—5月，果期10—12月。

【主要用途及生态贡献】1.是家庭栽培最广泛的室内观叶植物。2.叶、根可入药。叶有收敛止血的功效；对鼻衄、咯血、吐血、产后出血过多等症有疗效。根可祛风除湿、收敛止血的功效；对风湿痹痛、鼻衄、咯血、跌打损伤等症有疗效。

【地理分布】主要分布于东南亚，中国南部至西南部和日本亦有分布。

197.狐尾椰子

【又名】二枝棕、狐尾棕、狐狸椰子

【学名】*Wodyetia bifurcate.*

【科属】棕榈科、狐尾椰子属

【主要特征】常绿乔木状，植株高大通直，茎干单生，茎部光滑，银灰色；有叶痕，略似酒瓶状；叶色亮绿，簇生茎顶，羽状全裂，长2—3米，小叶披针形，轮生于叶轴上，形似狐尾而得名；粉红色穗状花序，分枝较多，雌雄同株；核果卵形，长6—8厘米，熟时橘红色或橙红色。每果内含橄榄状种子一枚。花期10—12月，果期次年2—6月。

【主要用途及生态贡献】亚热带地区最受欢迎的园林植物之一，观赏效果极佳。

【地理分布】原产于澳大利亚昆士兰东北部的约克角，中国南方地区亦有引种栽培。

198.散尾葵

【又名】黄椰子、紫葵

【学名】*Chrysalidocarpus lutescens* H.Wendl.

【科属】棕榈科、散尾葵属

【主要特征】丛生常绿灌木；茎干光滑，黄绿色，无毛刺，嫩时披蜡粉，茎干有明显叶痕，呈环纹状。叶色亮绿，簇生茎顶，羽状全裂，长可达1.5米，叶柄稍弯曲，小叶带状披针形，对生于叶轴上；花序生于叶鞘之下，呈圆锥花序式，果实略为陀螺形或倒卵形，种子略为倒卵形，花期5月，果期8月。

【主要用途及生态贡献】1.是高档盆栽观叶植物。2.叶、根可入药。对吐血、咯血、便血、崩漏等症有治疗效果。

【地理分布】原产于马达加斯加，现引种于中国南方各省。

199.油棕

【学名】*Elaeis guineensis* Jacq.

【科属】棕榈科油棕属

【主要特征】常绿乔木状，多年生，株形高大优美，须根系，茎不分枝，直立，圆柱状；叶片羽状全裂，小叶带状披针形；肉穗花序（圆锥花序），雌雄同株异序，果实属核果。花期6月，果期9月。油棕的果肉、果仁含油丰富，有"世界油王"之称。用棕仁榨的油叫棕榈油。

【主要用途及生态贡献】1.果实可榨油。2.是公园绿化的优良树种。3.果可入药，具有消肿祛瘀的功效。还可用于气滞血瘀所致的经闭腹痛、症瘕积聚的治疗等。

【地理分布】主要分布在赤道两旁的热带雨林带。中国引种油棕主要分布于海南、云南、广东、广西等地。

200.桄榔

【又名】莎木、砂糖椰子、糖树、糖棕

【学名】*Arenga pinnata*（Wurmb.）Merr.

【科属】棕榈科桄榔属

【主要特征】乔木状，茎较粗壮，高可达12米；叶簇生于茎顶，羽状全裂，羽片线状披针形，表面翠绿色，背面苍白色；叶鞘具黑色的网状纤维和针刺状纤维；花序腋生，花序梗粗壮，分枝多，佛焰苞多个，螺旋状排列于花序梗上；果实近球形，直径4—5厘米，具三棱，顶端凹陷，灰褐色；种子3颗，黑色，卵状三棱形；花期6月，果实约在开花后2—3年时间成熟。

【主要用途及生态贡献】1.是公园绿化优良树种。2.花序含糖量高，可制糖、酿酒等。3.树干髓心含淀粉，可供食用和药用。4.幼嫩的种子胚乳可用糖煮成蜜饯（注意：果肉汁液具有强烈的刺激性和腐蚀性，必须小心操作）。5.幼嫩的茎尖可作蔬菜食用。6.叶鞘纤维强韧，耐湿耐腐，可制绳缆。

【地理分布】广泛分布于我国热带气候区。南亚及东南亚一带亦有分布。

201.加拿利海枣

【又名】长叶刺葵、加拿利刺葵、槟榔竹

【学名】*Phoenix canariensis.*

【科属】棕榈科刺葵属

【主要特征】常绿乔木，株高10—15米，圆柱形茎秆粗壮，具波状叶痕。羽状复叶，顶生丛出，较密集，长可达6米，每叶有100多对羽片，羽片狭条形，长1米左右，宽2—3厘米，近基部小叶呈针刺状，基部由黄褐色网状纤维包裹。穗状花序腋生，长可至1米以上；花小，黄褐色；浆果，卵状球形至长椭圆形，熟时黄色至淡红色。花期5—7月，果期8—9月。

【主要用途及生态贡献】树形优美，是街道绿化与庭园造景的常用树种。

【地理分布】原产于非洲加拿利群岛，近些年在中国南方地区广泛栽培。

202.海枣

【又名】波斯枣、番枣、伊拉克枣、枣椰子、枣椰树、仙枣、椰枣

【学名】*Phoenix dactylifera* L.

【科属】棕榈科刺葵属

【主要特征】常绿乔木状植物，高达35米，茎具宿存的叶柄基部，上部的叶斜升，下部的叶下垂，形成一个较稀疏的头状树冠；羽状复叶顶生丛出，较密集，羽叶长达4米，每叶有多对羽片，羽片线状，披针形；佛焰包肥厚长大，花序为密集的圆锥花序；花瓣3，斜卵形；果实长圆形或长圆状椭圆形；果成熟时橙黄色，果肉肥厚，味甜；种子1颗，扁平，两端锐尖，腹面具纵沟；花期3—4月，果期9—10月。

【主要用途及生态贡献】1.果实含糖量高，可代粮食或水果食用。2.树干可作建筑材料及造纸。3.树形美观舒展，亦可作绿化美化植物。4.海枣还可入药，有益气补虚、消食除痰之功效。

【地理分布】原产于地中海。热带省区有引种栽培。

203.刺葵

【又名】长叶刺葵

【学名】*Phoenix canariensis*.

【科属】棕榈科刺葵属

【主要特征】多年生常绿乔木，高达3—5米，茎粗短。羽状复叶顶生丛出，较密集，羽叶全裂，裂片披针形，对称，先端尖，绿色叶革质，基部的羽片转化成刺。茎干上部顶生肉穗花序，小花无数。果实长圆形，成熟时红棕色。花期4—5月，果期6—9月。

【主要用途及生态贡献】可作行道树或园林绿化树种。小株盆栽，可作室内观叶植物。

【地理分布】原产于加那利群岛、印度、缅甸、泰国等，中国南方地区亦有引进栽培。

204.槟榔

【又名】槟榔子、宾门、槟楠、大白槟、大腹子、橄榄子

【学名】*Areca catechu* L.

【科属】棕榈科槟榔属

【主要特征】乔木状常绿植物，茎直立，高可达30米，有明显的环状叶痕；羽状复叶顶生丛出，叶簇生于茎顶，长1.3—2米，羽片多数，两面无毛，带状披针形，长30—60厘米，宽2.5—4厘米，上部的羽片合生，羽片顶端有不规则齿裂；雌雄同株，花序多分枝；子房长圆形，果实长圆形或卵球形，橙黄色，中果皮厚，纤维质；种子卵形；花果期3—4月。

【主要用途及生态贡献】1.高温多雨地区公园的绿化树种。2.果实是重要的中药材，有"破积杀虫，降气行滞，行水化湿"之功效（长期嚼食槟榔会增加罹患口腔癌的风险）。

【地理分布】主要分布在中国南部、东南部热带雨林地区。亚洲热带地区亦广泛种植。

205.三药槟榔

【又名】三雄芯槟榔

【学名】*Areca triandra* Roxb.

【科属】棕榈科槟榔属

【主要特征】丛生常绿小乔木，高3—4米，直径2.5—4厘米，具环状叶痕。叶羽状全裂，约17对羽片，具2—6条肋脉，下部和中部的羽片披针形，具齿裂，革质，压扁，光滑。花序和花与槟榔相似，但雄花更小，只有3枚雄蕊。果实比槟榔小，卵状纺锤形，果熟时由黄色变为深红色。种子椭圆形至倒卵球形，胚乳嚼烂状，几无涩味，胚基生。花期3—4月，果期8—9月。

【主要用途及生态贡献】1.是庭园、别墅绿化的珍贵树种。2.果实可入药，有驱虫作用。

【地理分布】原产于东南亚热带雨林气候区。中国台、粤、琼、桂、滇等省区有栽培。

206.假槟榔

【又名】亚历山大椰子

【学名】*Archontophoenix alexandrae*（F.Muell.）H.Wendl.et Drude.

【科属】棕榈科假槟榔属

【主要特征】常绿乔木，高达20—30米；幼时绿色，老则灰白色，光滑而有梯形环纹，基部略膨大。羽状复叶簇生于干端，长达2—3米，羽叶硬革质，绿色，排成二列，条状披针形，长30—35厘米，宽约5厘米，背面有灰白色鳞秕状覆被物，侧脉及中脉明显；叶鞘筒状包干，绿色光滑。花序生于叶鞘下，呈圆锥花序式，花单性同株；果卵球形，红色；种子卵形。花期4月，果期4—7月。

【主要用途及生态贡献】1.华南城市栽作庭园风景树或行道树。2.叶鞘纤维煅炭可用于外伤出血。

【地理分布】原产于澳大利亚东部。中国福建、台湾、广东、海南、广西、云南等地的园林单位均有栽培。

207.霸王棕

【又名】俾斯麦棡、美丽蒲葵

【学名】*Bismarckia nobilis.*

【科属】棕榈科霸王棕属

【主要特征】植株高大，可达30米或更高，在原产地可高达70—80米。茎干光滑，结实，灰绿色。叶片巨大，有3米左右，扇形，多裂，蓝灰色。雌雄异株，穗状花序；雌花序较短粗；雄花序较长，上有分枝。果实为核果，种子较大，近球形，黑褐色。常见的还有栽培的绿叶型变种。

【主要用途及生态贡献】珍贵而著名的观赏类棕榈，适用于公园栽培，可供观赏。

【地理分布】原产于马达加斯加西部地区。引入中国后，在华南地区栽培。

第七章

竹类

208.龙竹

【又名】大麻竹

【学名】*Dendrocalamus giganteus* Munro.

【科属】禾本科牡竹属

【主要特征】是世界上最高大的竹类之一；高达20—30米，直径0.2—0.3米，直立，梢端下垂或长下垂，节处不隆起；竿每节分多枝，幼时在外表被有白蜡粉，主枝常不发达；竿箨早落；箨鞘大形，厚革质，鲜时带紫色，全缘，背面贴生暗褐色刺毛；箨耳与下延之箨片基部相连，以后易脱落；箨舌显著，边缘有短齿状裂刻；叶片长披针形；花枝无叶，大型圆锥状，弯曲而带紫色；果实长圆形，长0.7—0.8厘米，先端钝圆，并具毛茸，略呈羽毛状。

【主要用途及生态贡献】1.为良好的建筑和篾用竹材，还可用于造纸等。2.用于河堤绿化。3.竹笋加工漂洗和蒸煮后能制作笋丝和笋干，以供食用。

【地理分布】该种在中国云南东南至西南部均有分布，台湾也有栽培。国外在亚洲热带和亚热带国家都有栽培。

209.毛竹

【又名】楠竹、茅竹、南竹、江南竹、猫竹、猫头竹

【学名】*Phyllostachys heterocycla*（Carr.）Mitford cv.Pubescens.

【科属】禾本科刚竹属

【主要特征】常绿乔木状竹类植物；单轴散生；高达20多米，老竿无毛，并由绿色渐变为绿黄色，竿环不明显，末级小枝2—4叶；叶耳不明显，叶舌隆起；叶片较小较薄，披针形，下表面在沿中脉基部柔毛；花枝穗状，无叶耳，小穗仅有1朵小花，柱头羽毛状。颖果小，长椭圆形，顶端有宿存的花柱基部；3—5月笋期，6—8月开花。

【主要用途及生态贡献】1.竿可供建筑用，编织各种粗细的用具及工艺品，还可造纸。2.竹笋味美，营养成分高，可供食用。3.可绿化美化环境，以供观赏。

【地理分布】我国南方大量分布。

210.紫竹

【又名】黑竹、墨竹、竹茹、乌竹

【学名】*Phyllostachys nigra*（Lodd.exLindl.）Munro.

【科属】禾本科刚竹属

【主要特征】常绿乔木状竹类植物，竹竿高大，高可达8米，幼竿绿色，密被细柔毛及白粉，箨环有毛，一年生以后的竿先出现紫斑，最后全部变为紫黑色，光滑无毛；箨片三角状披针形，绿色，但脉为紫色，舟状，直立或以后稍开展，波状；末级小枝具2叶或3叶，叶片披针形，质薄；花枝呈短穗状被微毛；颖果具柔毛，通常呈锥状；花期夏、秋季，果期9月，笋期4月下旬。

【主要用途及生态贡献】1.有观赏性，我国的南北方均有栽培。2.竹材较坚韧，可制作小型家具、乐器及工艺品等。

【地理分布】原产于中国，南北各地多有栽培。

211.方竹

【又名】方苦竹、四方竹、四角竹

【学名】*Chimonobambusa quadrangularis* （Fenzi）Makino.

【科属】禾本科寒竹属

【主要特征】呈乔木状。竿直立，高可达8米，节间呈钝圆的四棱形，竿中部以下各节环列短而下弯的刺状气生根；箨鞘纸质或厚纸质，早落性，短于其节间，鞘缘生纤毛，纵肋清晰，小横脉紫色，呈明显方格状；箨片极小，锥形，叶鞘革质，光滑无毛，鞘口继毛直立，平滑，叶舌低矮，截形，叶片薄纸质，长椭圆状披针形，上表面无毛，下表面初被柔毛，苞片较少；假小穗细长，侧生假小穗含小花，小穗轴平滑无毛；颖披针形，外稃纸质，绿色，内稃与外稃近等长；鳞被长卵形；柱头羽毛状。

【主要用途及生态贡献】1.方竹可供庭园观赏。2.笋肉味美，营养价值高。

【地理分布】分布于中国南方各省区。日本也有分布，欧美一些国家有栽培。

212.慈竹

【又名】茨竹、甜慈、酒米慈、钓鱼慈、丛竹、吊竹、子母竹

【学名】*Neosino calamus affinis.*

【科属】禾本科慈竹属

【主要特征】乔木状，高可达10米，地下茎合轴型，竿单丛，但尾端纤细而弧形下垂；节间圆筒形，表面常有小刺毛，毛落后则留下凹痕及小点；竿环平坦；箨环较显著，在其上下方均环生一圈绒毛环，竿芽单生，扁桃形，贴生于节内。叶片窄披针形，质薄，先端渐细尖，基部圆形或楔形，表面无毛，背面被细柔毛，次脉5—10对，小横脉不存在，叶缘通常粗糙；假小穗长达1.5厘米；小穗轴无毛，粗扁；颖披针形，黄棕色。笋期6—9月或自12月至次年3月，花期多在7—9月，但可持续数月之久。

【主要用途及生态贡献】1.竹竿可制作竹编工艺品。2.叶可入药，对痨伤吐血有疗效。3.可绿化美化环境。

【地理分布】分布于中国南部地区。

213.黄金间碧竹

【学名】*Bambusa vulgaris Schrader ex* Wendl and Vittata.

【科属】竹科簕竹属

【主要特征】竹竿挺直，高8—15米，尾梢近直立。节间通直，长0.2—0.4米，黄色，具宽窄不等的绿色纵条纹，光滑无毛，基部节上具根点。箨环隆起，箨鞘硬

脆，背面密被棕色刺毛，箨耳发达，箨片直立，三角形。叶片线状披针形，长约10—30厘米，宽1.5—4厘米，上面无毛，下面密生短柔毛，先端长凸尖，基部渐狭成柄；颖披针形；笋期8—10月。

【主要用途及生态贡献】本种竹竿挺直，竿、枝叶黄绿条纹相间，如碧玉上镶嵌黄金，色彩鲜明，具有很高的观赏价值。适宜丛植于院落、宅旁或公园围墙边缘作为庭园树观赏，可作为盆栽的植株材料，用于装饰摆设。

【地理分布】原产于印度，我国广东和台湾等省区的南部地区公园中有栽培。

214.佛肚竹

【又名】佛竹、罗汉竹、密节竹、大肚竹、葫芦竹

【学名】*Bambusa ventricosa* Mc Clure.

【科属】禾本科簕竹属

【主要特征】丛生型竹类植物。幼竿深绿色，被白粉，老时转绿黄色。竿二型：正常圆筒形，高7—10米，节间0.3—0.35米；畸形秆通常0.25—0.5米，节间较正常。箨叶卵状披针形；箨鞘无毛；箨耳发达，卵形至镰刀形；箨舌极短。叶片线状披针形；颖果未见。

【主要用途及生态贡献】1.该种常用作盆栽。2.佛肚竹是竹雕、扇子、乐器等很多工艺品、文玩物品的加工材料。

【地理分布】原产于我国岭南地区，现世界各地均有引种栽培。

215.粉单竹

【又名】白粉单竹、单竹

【学名】*Lingnania chungii* Mc Clure.

【科属】禾本科籁竹属

【主要特征】丛生型竹类植物，地下茎合轴丛生，竿直立，高可达18米；幼时表面有显著的白粉，材薄而韧，节初时密被一环褐色倒生刚毛，后变秃净；竿箨黄色，延长，远较节间为短，薄而硬，仅于基部被暗色柔毛；箨耳由箨片基部生出，长而狭，粗糙；箨舌远较箨片基部为宽，甚短，粗糙，先端直或弓形，边栉齿状至长睫毛状；箨片强外反，卵状披针形，上面有不明显的粗毛，背面秃净或稍粗糙，边内卷；枝簇生，近相等，被白粉；叶线状披针形，大小差异大；有花4—5朵，小穗于每节上有果1—2个，阔卵形，长达2厘米。

【主要用途及生态贡献】1.中上等篾用竹，供编织用。2.栽培供庭园观赏用。

【地理分布】分布于中国广东、香港、海南岛和广西等地。

216.凤尾竹

【又名】观音竹、米竹、筋头竹、蓬莱竹

【学名】*Bambusa multiplex*（Lour.）Raeusch.exSchult' Fernleaf' R. A.Young.

【科属】禾本科簕竹属

【主要特征】凤尾竹是孝顺竹的变种，比孝顺竹稍矮些，高可达5米，小枝稍下弯，下部挺直，绿色；竿壁稍薄；节处稍隆起，无毛；叶鞘无毛，纵肋稍隆起，背部具脊；叶耳肾形，边缘具波曲状细长毛；竹叶羽状排列，叶舌圆拱形，叶片线状披针形，形似凤尾，表面无毛，背面粉绿而密被短柔毛；小穗含小花，中间小花为两性；外稃两侧稍不对称，长圆状披针形，先端急尖；内稃线形，脊上被短纤毛；成熟颖果未见。

【主要用途及生态贡献】观赏价值较高，宜作庭园丛栽，也可作盆景植物。

【地理分布】原产于中国，华东、华南、西南以至台湾、香港均有栽培。

217.阔叶箬竹

【又名】寮竹、箬竹、壳箬竹

【学名】*Indocalamus latifolius*（Keng）McClure.

【科属】禾本科箬竹属

【主要特征】竿高达2米，最大直径约0.8厘米；一般为绿色，竿下窄上宽，小枝2—4叶；叶鞘紧密抱竿，无叶耳；叶片在成长植株上稍下弯，长圆状披针形，先端长尖，基部楔形，表面绿色无毛，叶背灰绿色，密被贴伏的短柔毛，叶缘生有细锯齿。未成熟者圆锥花序，小穗绿色带紫，花药黄色。笋期4—5月，花期6—7月。

【主要用途及生态贡献】1.可作园艺绿化、布景观赏用。2.叶可用于茶叶、食品等的包装。3.叶可制作斗笠等防雨、遮阳用具。4.箬竹叶生产的箬竹茶，口感独特、绿色天然，有抗疲劳的功效。

【地理分布】我国东南、中南诸省区均有分布。

▼

第八章

草本花卉类

218.旅人蕉

【又名】旅人木、散尾葵、扁芭槿、扇芭蕉、水木

【学名】 *Ravenala madagascariensis.*

【科属】旅人蕉科旅人蕉属

【主要特征】枝干像棕榈，高5—6米。叶2行排列于茎顶，像一把大折扇，叶片长圆形，似蕉叶。花序腋生，佛焰苞内有花5—12朵，排成蝎尾状聚伞花序；萼片披针形，革质；花瓣与萼片相似，唯中央1枚较狭小；雄蕊线形，花药长为花丝的2倍；子房扁压，花柱约与花被等长。蒴果开裂为3瓣；种子肾形；被碧蓝色、撕裂状假种皮。花期7—9月。

【主要用途及生态贡献】1.叶鞘呈杯状，能贮存大量水液，其树液亦可饮用，供旱漠旅人提供紧急的水源，故而得名旅人蕉。2.是优质的园庭绿化树种。

【地理分布】原产于马达加斯加，中国广东、台湾有少量栽培。

219.天堂鸟

【又名】天堂鸟、极乐鸟花

【学名】*Strelitzia reginae* Aiton.

【科属】旅人蕉科鹤望兰属

【主要特征】多年生草本植物，无茎。叶片长圆状披针形，长0.25—0.45米，宽0.1米。叶片顶端急尖；叶柄细长。花数朵生于总花梗上，下托一佛焰苞；佛焰苞绿色，边紫红，萼片橙黄色，花瓣暗蓝色；雄蕊与花瓣等长；花药狭线形，花柱突出，柱头3。花期在冬季。

【主要用途及生态贡献】丛植于院角，用于庭园造景和花坛、花境的点缀。

【地理分布】原产于非洲南部，中国南方大城市的公园、花圃均有栽培，北方则为温室栽培。

220.艳山姜

【又名】砂红、土砂仁、野山姜、玉桃、月桃

【学名】*Alpinia zerumbet*（Pers.）Burtt. et Smith.

【科属】姜科山姜属

【主要特征】多年生草本植物，高可达3米，叶片披针形，叶缘全缘，基部渐狭，两面均无毛，边缘具短柔毛；总状式圆锥花序，下垂，花序轴紫红色，分枝短，小苞片椭圆形，白色，顶端粉红色，子房被金黄色粗毛；蒴果卵圆形，成熟时红色；种子有棱角。4—6月开花；7—10月结果。

【主要用途及生态贡献】1.花极美丽，常栽培于园庭供观赏。2.根茎和果实均可入药，具有健脾暖胃、燥湿散寒的功效，对消化不良、呕吐、腹泻等症有疗效。3.叶鞘可作纤维原料。

【地理分布】原产于中国东南部至西南部各省区。热带亚洲地区亦广泛分布。

221.姜花

【又名】野姜花、蝶姜、穗花山柰、蝴蝶花、香雪花、夜寒苏

【学名】*Hedychium coronarium* Koen.

【科属】姜科姜花属

【主要特征】多年生直立草本植物，高1—2米；叶序互生，叶片长狭，两端尖，叶面秃，叶背略带薄毛，薄膜质。花序为穗状，花萼管状，花白色，花极芳香，子房被绢毛。蒴果卵状三棱形，熟时黄绿色，种子鲜红色。一年内多次开花。

【主要用途及生态贡献】可做切花、盆栽。

【地理分布】原产于南亚、东南亚的热带地区；作为重要切花材料在我国南方地区均有栽培。

222.茼蒿菊

【又名】木茼蒿、蓬蒿菊

【学名】*Chrysanthemum frutescens.*

【科属】菊科茼蒿属

【主要特征】多年生草本；高0.6—0.8米，全株无毛，光滑，茎基部呈木质化，多分枝；单叶互生，为不规则的二回羽状深裂，裂片线形；头状花序着生于上部叶腋中，花梗较长，舌状花1—3轮，白色或各色，筒状花黄色；花期周年，盛花期4—6月，不结实。

【主要用途及生态贡献】适用于多种野花组合类型。

【地理分布】原产于加那利群岛，茼蒿菊主要被种植在温室中。

223.万寿菊

【又名】臭芙蓉、蜂窝菊、红黄草、臭菊花

【学名】*Tagetes erecta* L.

【科属】菊科万寿菊属

【主要特征】一年生草本植物，茎直立，粗壮，具纵棱，分枝向上平展；叶羽状分裂，沿叶缘有少数腺体；头状花序单生，总苞杯状，顶端具齿尖，舌状花黄色或暗橙色，管状花，花冠黄色；瘦果线形，褐色，被短微毛；花期6—9月。

【主要用途及生态贡献】1.常用于花坛布景，也可作盆栽，植株较高的品种可作为背景材料或切花。2.花可食用。3.根、叶均可入药。根有解毒消肿的功效，用于痈疮肿毒有疗效。叶用于痈、疮、疖、疔及无名肿毒的治疗。花序有平肝解热，祛风化痰的功效，对头晕目眩、头风眼痛、小儿惊风、感冒咳嗽、顿咳、乳痈、痄腮等症有疗效。

【地理分布】原产于墨西哥，中国各地均有分布。

224.孔雀草

【又名】小万寿菊、红黄草、西番菊、臭菊花、缎子花

【学名】*Tagetes patula* L.

【科属】菊科、万寿菊属

【主要特征】一年生草本植物，高0.5—0.9米；茎直立，通常近基部分枝，分枝斜展；叶羽状分裂，裂片线状披针形，边缘有锯齿；头状花序单生，管状花，花冠黄色；瘦果线形，黑色，被短柔毛；花期7—9月。

【主要用途及生态贡献】1.花坛、庭园的主体花卉。2.全草可入药，具有药用价值，鲜用或晒干，有清热利湿，止咳之功效。

【地理分布】原产于墨西哥。我国各地园艺均有栽培。

225.百日草

【又名】百日菊、鱼尾菊

【学名】*Zinnia elegans* Jacq.

【科属】菊科百日菊属

【主要特征】一年生草本；茎直立，高0.3—1米，被糙毛或长硬毛，基部具细纵棱；对生叶长圆状椭圆形，两面粗糙，背面被密的短糙毛，基出三脉，基部抱茎，叶缘全缘，叶片尖端形似鱼尾；头状花序单生枝端，总苞宽钟状，多层，宽卵形，两性花花冠管状，花黄色或橙色；瘦果倒卵圆形，扁平；花期6—9月，花期长达百日，故称"百日草"；果期7—10月。

【主要用途及生态贡献】观赏植物，可做切花、花坛、盆栽使用。

【地理分布】原产于墨西哥，中国各地均有栽培。

226.向日葵

【又名】朝阳花、转日莲、向阳花、望日莲、太阳花

【学名】*Helianthus annuus* L.

【科属】菊科向日葵属

【主要特征】一年生草本植物；高可达3米；茎直立，不分枝或上部分枝，茎圆形多棱角，被白色粗硬毛；卵圆形的叶片通常互生，先端渐尖，有基出3脉，叶缘具粗锯齿，两面被粗糙毛，有长柄。头状花序极大，直径可达0.3米，单生于茎顶或枝端；总苞片多层，覆瓦状排列，叶质，被硬长毛，花序边缘生中性的黄色舌状花，不结实；花序中部为两性管状花，棕色，有披针形裂片，能结实；卵状长圆形瘦果，果皮木质化，黑色，称葵花籽；夏季开花，秋季成熟。

【主要用途及生态贡献】1.葵花籽可食用、榨油等。2.向日葵为园艺观赏植物。

【地理分布】中国南北各地均有栽培。

227.波斯菊

【又名】大波斯菊、秋英、格桑花

【学名】*Cosmos bipinnata* Cav.

【科属】菊科秋英属

【主要特征】一年生或多年生草本，高可达2米，茎秆多无毛。根纺锤状，多须根，或近茎基部有不定根。叶二次羽状深裂，裂片线形。头状花序单生，花序梗较长。总苞片内外两层，外层线状披针形，近革质，淡绿色，有深紫色条纹，内层椭圆状，膜质。花型分舌状花和管状花，舌状花紫红色，粉红色或白色，舌片椭圆状倒卵形，管状花黄色，有披针状裂片。瘦果黑紫色，无毛，上端具喙。花期6—8月，果期9—10月。

【主要用途及生态贡献】1.波斯菊耐贫瘠，花色多且漂亮，是著名的园艺观赏植物，适合公园、花园、篱边、山石、崖坡、树坛或小区的绿化栽培，也可布置花境。重瓣品种可做切花材料。2.花、茎可入药，有清热解毒，明目化湿的功效。

【地理分布】原产于墨西哥、巴西，现在中国大部分地区均有栽培。

228.大花金鸡菊

【又名】剑叶波斯菊、狭叶金鸡菊、剑叶金鸡菊、大花波斯菊

【学名】*Coreopsis grandiflora* Hogg.

【科属】菊科金鸡菊属

【主要特征】多年生草本，高可达1米。直立茎下部常有糙毛，上部有分枝。叶对生，基部叶有长柄，匙形；下部叶羽状全裂，裂片长圆形，中部及上部叶3—5深裂，裂片线形，中裂片较大，两面及边缘有细毛。头状花序单生于枝端，具长花序梗。总苞片有内外两层，外层较短，披针形，顶端尖，有毛，总苞片内层卵状披针形，托片线状钻形。舌状花6—10个，舌片宽大，黄色，管状花长0.5厘米，两性。瘦果广椭圆形，边缘具膜质宽翅，顶端具2短鳞片。花期5—9月。

【主要用途及生态贡献】1.有良好的观赏价值。2.花富含蜜源，并可提取色素。

【地理分布】原产于美洲，在中国各地均有栽培。

229.大丽花

【又名】大理花、天竺牡丹、东洋菊、大丽菊、地瓜花

【学名】*Dahlia pinnata* Cav.

【科属】菊科大丽花属

【主要特征】多年生草本，有巨大棒状块根，其中储有大量的养料，可自身无性繁殖。茎直立，多分枝，高可达2米，粗壮。叶1—3回羽状全裂，上部叶有时不分裂，裂片长圆状卵形，两面无毛。头状花序大，有长花序梗，常下垂，宽0.6—1.2米。总苞片有内外层，外层约5个，卵状椭圆形，叶质，内层膜质，椭圆状披针形；舌状花1层，长卵形，有白色、红色、紫色等丰富色彩，顶端有不明显的3齿，或全缘；管状花黄色，有时栽培种全部为舌状花。瘦果长圆形，长0.9—1.2厘米，宽0.3—0.4厘米，黑色，扁平。花期6—12月，果期9—10月。

【主要用途及生态贡献】1.是世界名花之一，作盆栽、切花均可。2.根有药用价值，可活血散瘀。

【地理分布】原产于墨西哥，目前，世界多数国家均有栽植。

230.瓜叶菊

【又名】富贵菊、黄瓜花

【学名】*Pericallis hybrida.*

【科属】菊科瓜叶菊属

【主要特征】多年生草本，常作1—2年生栽培。分为高生种和矮生种，0.3—0.8米不等。全株被微毛，叶片大，形如瓜叶，宽心形，叶面绿色光亮，叶背灰白色，叶缘有钝齿，叶脉明显。花顶生，头状花序多数聚合成伞房花序，花苞形状似钟形，花色丰富，粉色、紫红色，还有红白相间的复色，花期1—4月。瘦果长圆形。

【主要用途及生态贡献】是一种常见的盆景花卉和装点庭园居室的观赏植物。

【地理分布】原产于大西洋加那利群岛。中国各地的公园或庭园广泛栽培。

231.荷兰菊

【又名】柳叶菊、纽约紫菀

【学名】*Aster novi—belgii.*

【科属】菊科紫菀属

【主要特征】多年生草本宿根花卉，株高可达1米；全株均被毛；须根多，有地下走茎，茎丛生，多分枝；叶呈线状披针形，光滑，近全缘，基部抱茎；头状花序伞房状着生，花小，舌状花白色或蓝紫色；花期8—11月。

【主要用途及生态贡献】可做切花、盆栽、花坛栽培用。

【地理分布】适应性强，全国各地均有栽培。

232.黑心金光菊

【又名】黑心菊

【学名】*Rudbeckia hirta* L.

【科属】菊科金光菊属

【主要特征】多年生草本，株高0.6—1米，全株被粗糙刚毛。在近基处分枝；叶互生。全缘，无柄，阔披针形。头状花序单生，径4—5厘米；舌状花黄色，果实黑褐色，四棱形。

【主要用途及生态贡献】常用于庭园栽培和观赏。

【地理分布】原产于北美，我国各地均有栽培。

233.金盏菊

【又名】金盏花、长生菊、常春花

【学名】*Calendula officinalis* L.

【科属】菊科金盏菊属

【主要特征】金盏菊为一年生草本植物，株高可达0.6米，茎秆绿色，全株被白色茸毛。单叶互生，分为茎生叶和基生叶，茎生叶椭圆状倒卵形，基生叶有柄，上部叶基抱茎。头状花序单生茎顶，形大，舌状花一轮或多轮平展，金黄色；花筒状，黄色或褐色。也有重瓣、卷瓣和绿心、深紫色花心等栽培品种。花期4—9月。瘦果呈船形，淡褐色，果熟期6—11月。

【主要用途及生态贡献】1.常用于花坛盆栽、切花、花坛、庭园等。2.叶、花均可食用和入药，花、叶有消炎、抗菌作用，特别是抗葡萄球菌、链球菌效果较好。

【地理分布】金盏菊原产于欧洲西部、地中海沿岸、北非和西亚，现在世界各地都有栽培。

234.南美蟛蜞菊

【又名】蟛蜞菊、地锦花、穿地龙

【学名】*Wedelia trilobata.*

【科属】菊科蟛蜞菊属

【主要特征】多年生草本，茎匍匐，茎可长达1.8米，南美蟛蜞菊通过地上匍匐茎进行快速生长。叶形分单裂和三裂，叶缘有锯齿，叶对生，叶肉质，叶片两面被毛，茎紫红色或绿色，被毛叶无柄。头状花序单生于花茎顶端，黄色，舌状花短而宽，仅数片，花期长，几乎全年开花。瘦果有棱，先端有硬冠毛，果期夏、秋季。

【主要用途及生态贡献】可作盆栽、吊盆、花台、地被或坡堤绿化。

【地理分布】原产于南美洲。在中国已成为一种有害杂草，并被列为"世界100种危害最大的外来入侵物种"之一。

235.宿根天人菊

【又名】车轮菊

【学名】*Gaillardia aristata* Pursh.

【科属】菊科天人菊属

【主要特征】多年生草本。高0.6—1米，全株被粗节毛；茎不分枝或稍有分枝；基生叶和下部茎叶长椭圆形或匙形；中部茎叶披针形、长椭圆形或匙形；头状花序，舌状花，黄色，管状花外面有腺点，裂片长三角形，顶端芒状渐尖，被节毛；瘦果长0.2厘米，被毛；花果期7—8月。

【主要用途及生态贡献】可用作庭园栽培。

【地理分布】全国均有人工引种栽培。

236.菊花

【又名】金英、黄华、秋菊、陶菊

【学名】*Dendranthema morifolium*（Ramat.）Tzvel.

【科属】菊科菊属

【主要特征】多年生草本；茎直立，多分枝，具细毛；叶互生，披针形，边缘有缺刻及粗锯齿，下面具白色绒毛；有叶柄；头状花序单生枝端、叶腋，总苞半球形，总苞片3—4层，外层绿色，线形，有白色绒毛；外围为数层舌状花，舌状花有很多颜色，筒状花成为各种色彩的托瓣；花期几乎全年；瘦果（菊花园艺品种多，瓣形、大小、颜色亦多。）。

【主要用途及生态贡献】1.园艺上可盆栽、地被、切花、造型（艺菊）等。2.鲜花可食用，干花可药用，有清热解毒、舒风凉肝的功效。

【地理分布】菊花种植遍及全球。

237.非洲菊

【又名】太阳花、猩猩菊、日头花

【学名】*Gerbera jamesonii* Bolus.

【科属】菊科非洲菊属

【主要特征】非洲菊为多年生宿根常绿草本植物，同属植物约45种；根茎短，须根粗；株高0.3—0.45米，叶基生，呈莲座状，叶柄长，叶片长圆状匙形，叶缘羽状浅裂，叶表光滑，背面具短柔毛，叶脉明显；头状花序单生于花葶顶，总苞盘状，钟形，舌状花瓣1—2或多轮呈重瓣状，花色丰富；四季有花。瘦果，白色圆柱形。

【主要用途及生态贡献】是现代切花中的重要材料，供插花以及制作花篮，也可作盆栽观赏。

【地理分布】原产地为南非，现世界各地均广泛栽培。

238.加拿大一枝黄花

【又名】黄莺、麒麟草

【学名】*Solidago canadensis* L.

【科属】菊科一枝黄花属

【主要特征】多年生草本植物，有长根状茎。茎直立粗壮，高达2.5米。互生叶线状，披针形，两面被粗糙毛，叶缘具锯齿，具离基三出脉。头状花序很小，在花序分枝上单面着生，多数弯曲的花序分枝与单面着生的头状花序，形成开展的圆锥状花序；总苞片线状披针形；边缘舌状花很短。瘦果圆柱形，褐色，被柔毛。

【主要用途及生态贡献】1.植物花形色泽亮丽，常用于花境、花丛、切花。2.全草可入药。有疏风解毒、退热行血、消肿止痛的功效。

【地理分布】原产于北美。中国各地公园及植物园均引种栽培，以供观赏。

239.雁来红

【又名】老来少、三色苋、叶鸡冠、老来娇、老少年

【学名】*Amaranthus tricolor.*

【科属】苋科苋属

【主要特征】一年生草本，粗壮茎直立，高可达0.6米；下部叶对生，上部叶互生，宽卵形，顶端锐尖，基部渐狭半抱茎，全缘，叶面有柔毛，颜色丰富；圆锥状聚伞花序顶生，小花极小，穗状花序簇生于叶腋间；蒴果椭圆形，种子长圆形，黑色有光泽；花期夏、秋季，果期秋、冬季。

【主要用途及生态贡献】1.种植在田园之中以装点家居。2.全株可入药，煎水冲服，可以治疗红白痢、脑漏等症。

【地理分布】原产于印度，我国各地均有栽培。

240.五色苋

【又名】红绿草、五色草、模样苋、法国苋、彩叶草

【学名】*Altemanthera bettzichiana* Nichols.

【科属】苋科虾钳草属

【主要特征】多年生草本，作一二年生栽培。茎直立斜生，多分枝，节膨大，高0.1—0.2米。单叶对生，叶小，椭圆状披针形，红色、黄色或紫褐色，或绿色中具彩色斑。叶柄极短。头状花腋生或顶生，花小，白色。胞果，常不发育。

【主要用途及生态贡献】五色苋植株多矮小，叶色鲜艳，枝叶茂密，耐修剪，是布置花坛的好材料，可以用各色品种拼制成各种花纹、图案、文字等样式。同时，盆栽适合阳台、窗台和花槽观赏。

【地理分布】原产于南美巴西，我国南北各地均普遍栽培。

241.千日红

【又名】百日红、火球花

【学名】*Gomphrena globosa* L.

【科属】苋科千日红属

【主要特征】一年生草本，直立茎粗壮，有分枝，枝略呈四棱形，有白色糙毛，幼时密集，节部稍膨大。叶片纸质，长椭圆形或矩圆状倒卵形，顶生球形或矩圆形头状花序，由多数小花密集而成，紫红色，花被片5，紫红色，外面密被白色细长柔毛；雄蕊5，花丝合生呈管状；子房卵圆形，柱头2裂。胞果类球形。种子肾形，棕色，光亮。花果期6—9月。

【主要用途及生态贡献】1.供观赏，除用作花坛及盆景外，还可作花圈、花篮等的装饰品。2.晒干的千日红花朵可泡茶饮用。3.作为中药，对于头痛、尿道不畅等疾病，尤其是慢性气管炎等有很好的治疗作用。

【地理分布】原产于热带美洲，中国长江以南普遍种植。

242.鸡冠花

【又名】鸡髻花、红鸡冠、芦花鸡冠、笔鸡冠、凤尾鸡冠、大鸡公花

【学名】*Celosia cristata* L.

【科属】苋科青葙属

【主要特征】一年生直立草本；高0.3—0.8米；全株无毛，粗壮；单叶互生，长卵形，具柄，叶片先端渐尖或长尖，基部渐窄成柄，全缘；肉穗花序顶生，呈扇形，鸡冠状，故称，花色有白、黄、红、紫等多种；胞果卵形，包于宿存花被内；种子肾形，黑色有光泽。

【主要用途及生态贡献】1.可作为庭园观赏植物。2.花和种子为收敛剂，有止血、凉血、止泻功效，具有很高的药用价值。

【地理分布】原产于非洲、美洲和印度，世界各地均广为栽培。

243.太阳花

【又名】大花马齿苋、松叶牡丹、龙须牡丹、洋马齿苋、半枝莲

【学名】*Portulaca grandiflora* Hook.

【科属】马齿苋科马齿苋属

【主要特征】一年生草本，高0.2—0.4米。茎平卧或斜升，多分枝，节上丛生毛。叶密集枝端，较下的叶分开，不规则互生，叶片细圆柱形，无毛。花单生或数朵簇生枝端，直径2.5—4厘米，日开夜闭；总苞8—9片，叶状，轮生，具白色长柔毛；花瓣5或重瓣，倒卵形，顶端微凹，长0.12—0.3厘米，红色、紫色或黄白色。蒴果近椭圆形，盖裂；种子细小，多数，圆肾形，直径不及0.1厘米。花期6—9月，果期8—11月。

【主要用途及生态贡献】1.美丽的花卉，园艺绿化、美化常用栽培品种。2.全草可供药用，有散瘀止痛、清热、解毒、消肿等功效。

【地理分布】原产于巴西。中国南北各地花圃均有栽培。

244.羽叶茑萝

【又名】茑萝、羽叶茑萝、游龙草、锦屏封、绕龙花

【学名】*Quamoclit pinnata*（Desr.）Bojer.

【科属】旋花科茑萝属

【主要特征】一年生缠绕草本，茎长4厘米，光滑。单叶互生，羽状细裂，裂片线型，托叶与叶片同形。聚伞花序腋生，花娇小，花冠长喇叭状，外形五角星状，具多种颜色，无毛；花期8月至霜降。蒴果卵圆形，种子黑色，有棕色细毛，果期9—11月。

【主要用途及生态贡献】美丽的庭园观赏植物。

【地理分布】原产于热带美洲，现广泛分布于全球温带至热带地区。

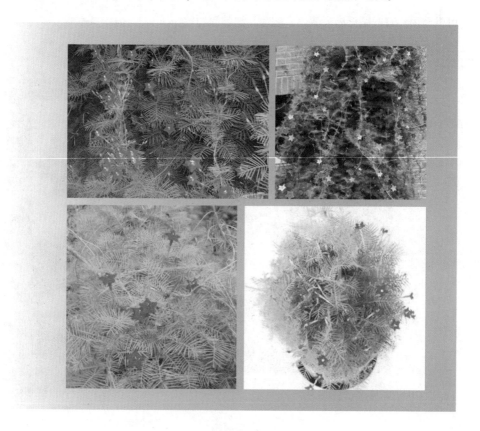

245.旱金莲

【又名】旱荷、寒荷、金莲花、旱莲花、金钱莲、寒金莲

【学名】*Tropaeolum majus* L.

【科属】旱金莲科旱金莲属

【主要特征】一年生肉质草本植物，半蔓生或倾卧。株高0.3—0.6米。基生叶具长柄，叶互生，叶片钝五角星，有主脉多条，背面通常被疏毛。花单生或2—3朵，成聚伞花序，花瓣五，倒卵形，花黄色、紫色、橘红色等颜色多样。果实扁球形，成熟时分裂成3个各具一粒种子的瘦果。花期6—10月，果期7—11月。

【主要用途及生态贡献】1.是一种颇受大众喜爱的观赏型花卉。2.花可入药，有清热解毒的功效。

【地理分布】原产于南美秘鲁、巴西等地。中国南北各地均普遍引种。

246.一串红

【又名】爆竹红、象牙红、西洋红、墙下红、象牙海棠、炮仔花

【学名】*Salvia splendens.*

【科属】唇形科鼠尾草属

【主要特征】草本至矮灌木植物，叶子对生，卵形，最多7厘米长，5厘米阔，边缘锯齿状。夏、秋季轮伞花序2—6花，组成顶生总状花序，成串。花色以鲜红色居多，也开白色花（俗称"一串白"）。花萼钟状，与花冠同色。小坚果椭圆形，边缘或棱具狭翅，光滑。

【主要用途及生态贡献】常用作花丛、花坛的主体摆放材料。

【地理分布】原产于巴西，我国南北各地均广泛栽培。

247.彩叶草

【又名】五彩苏、老来少、五色草、锦紫苏

【学名】*Plectranthus scutellarioides*（L.）R.Br.

【科属】唇形科鞘蕊花属

【主要特征】直立一年生草本；茎通常紫色，叶片膜质，通常卵圆形，先端渐尖，基部圆形，边缘具圆齿；色泽多样，轮伞状花序，多花，花多数密集排列，花梗与序轴被微柔毛，苞片宽卵圆形，花萼钟形，萼檐二唇形，中裂片宽卵圆形，侧裂片短小，卵圆形，花冠浅紫色、紫色或蓝色，冠筒骤然下弯，冠檐二唇形，花丝在中部以下合生成鞘状；花柱超出雄蕊，花盘前方膨大；小坚果褐色，具光泽；花期7月。

【主要用途及生态贡献】彩叶草是园艺绿化、美化的重要材料。

【地理分布】中国各地园圃均普遍栽培，作观赏用。

248.石竹

【又名】洛阳花、中国石竹、中国沼竹、石竹子花

【学名】*Dianthus chinensis* L.

【科属】石竹科石竹属

【主要特征】多年生草本，高达0.5米，全株无毛，带粉绿色；茎由根颈生出，疏丛生，直立，上部分枝。叶片线状披针形，顶端渐尖，基部稍窄，全缘或有细齿，中脉较显；花单生枝端或数花集成聚伞花序，有红色、粉红色、白色等较多花色，叶顶缘有不整齐齿裂；蒴果圆筒形，包于宿存萼内，种子黑色，扁圆形；花期5—6月，果期7—9月。

【主要用途及生态贡献】1.石竹抗污染，花漂亮，花色多，园林中用于花坛、花台造景或盆栽。2.根和全草可入药，有清热利尿、破血通经、散瘀消肿的功效。

【地理分布】原产于我国东北、华北地区，现在各地园艺均有栽种。

249.康乃馨

【又名】香石竹、狮头石竹、大花石竹、荷兰石竹

【学名】*Dianthus caryophyllus.*

【科属】石竹科石竹属

【主要特征】多年生草本，丛生，茎直立，上部稀疏分枝。叶长条形，绿色，5脉，中脉特显，先端长渐尖，基部成短鞘围抱节上。花单生，或成聚伞花序，颜色鲜艳且富有芳香，有各种花；萼下有小苞片4枚，菱状卵形，先端短尖，长约为萼筒的1/4；萼筒先端5裂，齿三角形，边缘膜质；花瓣5，倒卵形，先端锯齿状浅裂，基部有须毛。蒴果长卵形。

【主要用途及生态贡献】1.是优质的切花品种。矮生品种还可用于盆栽观赏。2.全草可入药，有清热、利水、破血、通经的功效。

【地理分布】原产于欧洲南部一带，国内南北各地均广泛栽培。

250.四季海棠

【又名】四季秋海棠、蚬肉海棠

【学名】*Begonia semperflorens* Link et Otto.

【科属】秋海棠科秋海棠属

【主要特征】一年生常绿草本，株高0.25—0.35米；茎绿色，稍肉质，节部膨大多汁；单叶互生，叶卵圆形，先端钝，叶缘有小齿，并生细绒毛，叶色因品种而异，很丰富，并具蜡质光泽；聚伞花序，顶生或腋出，花红色、淡红色、白色等较多花色，花期特长，几乎全年能开花，但以秋末、冬、春较盛；蒴果具翅。

【主要用途及生态贡献】1.是最主要的花坛布景花卉之一，也是室内外装饰的主要盆花之一。2.鲜的花和叶可入药，有清热解毒的功效，主治疮疖等症。

【地理分布】四季海棠原产于巴西，现中国南北各地均有栽植。

251.矮牵牛

【又名】碧冬茄、矮喇叭

【学名】*Petunia hybrida* Vilm.

【科属】茄科碧冬茄属

【主要特征】多年生草本，常作一二年生栽培，高0.2—0.45米；茎匍地生长，被有黏质柔毛；叶质柔软，卵形，全缘，互生，上部叶对生；花单生，呈漏斗状，重瓣花球形，花白色、紫色或各种红色，并镶有其他颜色的边，非常美丽，花期4月至降霜；蒴果；种子细小。

【主要用途及生态贡献】是优良的花坛花卉，也可自然式丛植，还可作切花。

【地理分布】分布于南美洲，如今各国广为栽种。

252.长春花

【又名】金盏草、四时春、日日新、雁头红、三万花

【学名】*Catharanthus roseus*（L.）G.Don.

【科属】夹竹桃科长春花属

【主要特征】直立多年生草本植物，略有分枝，高达0.6米，全株无毛或仅有微毛；茎近方形，有条纹，灰绿色；叶长圆形，膜质，全缘，基部稍窄，先端钝圆；聚伞花序顶生或腋生，花色多样；果蓇葖双生，外果皮厚纸质，被柔毛；种子黑色，长圆筒形，具有颗粒状小瘤；花期、果期几乎全年。

【主要用途及生态贡献】1.全草入药可止痛、消炎、安眠、通便及利尿等。2.用于盆栽和栽植，以供观赏。

【地理分布】原产于地中海沿岸、印度、热带美洲等。中国主要在长江以南的地区栽培。

253.沙漠玫瑰

【又名】天宝花

【学名】*Adeniumo besum.*

【科属】夹竹桃科天宝花属

【主要特征】沙漠玫瑰并不是生长在沙漠地区的玫瑰，与玫瑰也没什么近缘关系或相像之处。其是多肉灌木或小乔木，树干肿胀。单叶互生，集生枝端，倒卵形至椭圆形，长达0.15米，全缘，先端钝而具有短尖，肉质，近无柄。总状花序，顶生，花冠漏斗状，外面有短柔毛，5裂，外缘红色至粉红色，中部色浅，如玫瑰而得名沙漠玫瑰，花期5—12月，南方温室栽培品种较易结实。种子有白色柔毛，可助其飞行散布。

【主要用途及生态贡献】1.可栽培观赏。2.可药用，有清热解毒、凉血消肿之功效。

【地理分布】原产地为非洲的肯尼亚、坦桑尼亚，我国南方各地均有引进栽培。

254.紫茉莉

【又名】胭脂花、状元红、丁香叶、苦丁香

【学名】*Mirabilis jalapa* L.

【科属】紫茉莉科紫茉莉属

【主要特征】一年生草本，高可达1米。根粗壮，黑色或黑褐色。茎直立，圆柱形，多分枝，疏生细柔毛，节稍膨大。叶片卵状三角形，全缘，两面均无毛，先端渐尖，基部心形，脉隆起。花常数朵簇生枝端，总苞钟形，5裂，裂片三角状卵形；花被紫红色、黄色、白色或杂色，花色多样，长喇叭状，花丝细长；花午后开放，有香气，次日午前凋萎。瘦果球形，直径0.5—0.8厘米，革质，黑色，表面具皱纹；种子胚乳白粉质。花期6—10月，果期8—11月。

【主要用途及生态贡献】1.紫茉莉花色丰富，花开茂盛，花期持久，可作观赏花卉栽培。2.紫茉莉根、叶可入药，有清热解毒、活血调经的功效。

【地理分布】原产于热带美洲，中国南北各地均有栽培。

255.凤仙花

【又名】指甲花、急性子、凤仙透骨草

【学名】*Impatiens balsamina* L.

【科属】凤仙花科凤仙花属

【主要特征】凤仙花为一年生草本，茎肉质，直立，高可达1米，有分枝；叶互生，叶片披针形，先端长渐尖，基部渐狭，边缘有锐锯齿，侧脉显。花梗短，单生或数枚簇生叶腋，密生短柔毛；花大，通常粉红色或杂色，单瓣或重瓣；唇瓣舟形，被疏短柔毛，基部突然延长成细而内弯的距；蒴果纺锤形，密生茸毛，熟时一触即裂，故戏称"急性子"。种子多数，球形，黑色。

【主要用途及生态贡献】1.是常见的观赏花卉。2.全草均可入药。对闭经、跌打损伤、瘀血肿痛、风湿性关节炎、痈疖疔疮、蛇咬伤、手癣等症有功效。

【地理分布】原产于中国、印度，中国南北各地均有栽培。

256.含羞草

【又名】感应草、知羞草、呼喝草、怕丑草

【学名】*Mimosa pudica* Linn.

【科属】含羞草科含羞草属

【主要特征】多年生草本或亚灌木，由于叶子会对热和光产生反应，受到外力触碰会立即闭合，所以得名含羞草。形状似绒球。开花后结荚果，果实呈扁圆形。叶为羽毛状复叶互生，呈掌状排列。大约在盛夏以后开花，头状花序长圆形，花为白色、粉红色，花萼钟状，有8个微小萼齿，花瓣四裂，雄蕊四枚，子房无毛。荚果扁平，每荚节有1颗种子，花期9月。

【主要用途及生态贡献】花、叶和荚果均具有较好的观赏效果，可在阳台、室内、庭园等处作盆栽观赏。

【地理分布】原产于南美热带地区，我国各地均有栽种。

257.红花酢浆草

【又名】花花草、夜合梅、大花酢浆草、三夹莲、铜锤草、酸酸草

【学名】*Oxalis corymbosa DC.*

【科属】酢浆草科酢浆草属

【主要特征】多年生草本，株高0.2米，地下具球形根状茎，白色透明。基生叶，叶柄较长，三小叶复叶，小叶倒心形，顶端凹入，基部剪形，三角状排列。二歧聚伞形花序顶生，总花梗稍高出叶丛，花梗、萼片、苞片均被柔毛。花期4—10月，花与叶对阳光均敏感，白天、晴天开放，夜间及阴雨天闭合。叶、叶柄及花梗均含大量有机酸，pH值在1左右，有明显酸味。蒴果，种子小，褐色。

【主要用途及生态贡献】1.园林中可作为地被植物，也可作盆栽种植。2.干草、鲜草均可入药。有清热解毒，散瘀消肿的功效。还可用于肾盂肾炎、痢疾、咽炎、牙痛、月经不调、白带异常等症的治疗；还可外用治疗毒蛇咬伤、跌打损伤、烧烫伤等。

【地理分布】原产于巴西及南非好望角等地区。国内各地均有栽培，并逸为野生。

258.三色堇

【又名】三色堇菜、猫儿脸、蝴蝶花、人面花、猫脸花

【学名】*Violatricolor* L.

【科属】堇菜科堇菜属

【主要特征】多年生草本植物，全株光滑，地上茎较粗，直立或稍倾斜，有棱，有分枝。基生叶，叶片披针形，具长柄；茎生叶叶片长圆披针形，先端钝，边缘具稀疏的钝锯齿。花单生，两侧对称，单朵花有五个花瓣，花朵大，直径约3.5—6厘米，每个茎上有3—10朵，通常每朵花有紫色、白色、黄色三个颜色，故名三色堇。蒴果椭圆形，无毛。

【主要用途及生态贡献】1.园艺中适合花坛、庭园、盆栽等。2.全草均可入药。有清热解毒、散瘀、止咳、利尿等功效。还可用于咳嗽、小儿瘰疬、无名肿毒等症。

【地理分布】原产于欧洲北部，中国南北方均有栽培。

259.芍药

【又名】别离草、花中丞相

【学名】*Paeonia lactiflora* Pall.

【科属】毛茛科芍药属

【主要特征】多年生草本，块根肉质，粗壮。叶具柄，卵形，或卵状披针形，表面深绿色，背面浅绿色；芍药花瓣呈倒卵形，花瓣多枚，花盘为浅杯状，花期5—6月，花顶生兼腋生。园艺品种花色丰富，有多种颜色。蓇葖果，呈纺锤形、椭圆形。种子大型，黑色，呈圆形。

【主要用途及生态贡献】1.芍药被誉为"花相"和"花仙"，被列为"十大名花"之一，又被称为"五月花神"，可做专类园、切花、花坛用花等。2.花可食用。3.花、根可入药，有镇痛、镇痉、祛瘀、通经的功效。

【地理分布】我国各地均有栽培。

260.百合

【又名】番韭、山丹、倒仙、重迈、中庭、摩罗、重箱、中逢花、百合蒜、夜合花

【学名】*Lilium brownii var.viridulum* Baker.

【科属】百合科百合属

【主要特征】多年生草本，株高可达1.5米；叶呈螺旋状散生排列，叶形有披针形、椭圆形、条形，叶无柄，全缘；茎有鳞茎和地上茎之分，白色鳞茎球形，先端由多数卵匙形的鳞片聚合而成，地上茎绿色，圆柱形，有条纹；根分为肉质根和纤维状根两类，肉质根称为"下盘根"，纤维状根称"上盘根""不定根"；花大，单生于茎顶，喇叭形，品种很多，花色亦多，有香味；蒴果长卵圆形，具钝棱；种子多数，卵形，扁平；花期6—7月，果期7—10月。

【主要用途及生态贡献】1.可作为绿化观赏植物。2.鳞茎含丰富淀粉，可食用。3.可作药用，有养阴清热，滋补精血的功效。

【地理分布】品种多，全国各地均有种植，少部分为野生资源。

261.虎尾兰

【又名】虎皮兰、锦兰、千岁兰、虎尾掌、黄尾兰

【学名】*Sansevieria trifasciata* Prain.

【科属】百合科虎尾兰属

【主要特征】多年生草本观叶植物，具横走根状茎，叶基生，肉质，长条状披针形，叶缘全缘，硬革质光滑无毛，直立，基部稍呈沟状，暗绿色，两面有浅绿色和深绿相间的横向斑纹。总状花序，花白色至淡绿色。浆果直径约0.7—0.8厘米。花期11—12月。

【主要用途及生态贡献】适合室内装饰，可供较长时间观赏。

【地理分布】原产于非洲西部和亚洲南部，中国各地均有栽培，非洲热带和印度等地也有分布。

262.郁金香

【又名】洋荷花、草麝香、郁香

【学名】*Tulipa gesneriana.*

【科属】百合科郁金香属

【主要特征】多年生草本，鳞茎卵形，外被淡黄色至棕褐色纸质鳞茎皮，内有肉质鳞片2—5片；茎叶光滑，被白粉；叶3—5枚，条状披针形，全缘并呈波形，常有毛；花单生茎顶，大型豪放，直立杯状，洋红色、鲜黄色、紫红色等花色丰富，基部具有墨紫斑，花被片6枚，倒卵状长圆形，花期春、夏季；蒴果圆柱状，有三棱，室背开裂；种子扁平。

【主要用途及生态贡献】1.郁金香是世界著名的球根花卉，许多国家珍为国花。2.鳞茎可入药，可化湿避秽，主治脾胃湿浊、胸脘满闷、呕逆腹痛、口臭苔腻等症。

【地理分布】被称为"世界花后"，世界各地均有种植。

263.万年青

【学名】*Rohdea Roth.*

【科属】百合科万年青属

【主要特征】根状茎粗，叶3—6枚，厚纸质，矩圆形、披针形或倒披针形，先端急尖，基部稍狭，绿色，纵脉明显浮凸，鞘叶披针形。花葶短于叶，穗状花序，具几十朵密集的花，苞片卵形，膜质，短于花，淡黄色，裂片厚，花药卵形；浆果熟时红色；花期夏季，果期秋末。

【主要用途及生态贡献】1.可作盆栽供观赏。2.全株可入药，有清热解毒、散瘀止痛之功效。

【地理分布】作为观赏盆栽在我国南方地区广泛种植。

264.文竹

【又名】云片松、刺天冬、云竹

【学名】*Asparagus setaceus.*

【科属】百合科天门冬属

【主要特征】高可达几米，文竹根部稍肉质；茎纤细，柔软，丛生，茎的分枝极多，茎干有节似竹；叶状枝细小，刚毛状，略具三棱，退化叶鳞片状，叶基部稍具刺状距；两性花白色，有短梗，花期9—11月；浆果熟时呈现紫黑色，有1—3颗球状种子，果期冬季至次年春季。

【主要用途及生态贡献】1.文竹有较高的观赏性，可置书房、客厅增添书香气息，同时还可净化空气。2.根可入药，具有止咳润肺之功效，还可治疗急性气管炎等症。

【地理分布】原产于南非，现中国各地均有种植。

265.石蒜

【又名】蟑螂花、老鸦蒜、龙爪花、红花石蒜、山乌毒、彼岸花

【学名】*Lycoris radiata*（L'Her.）Herb.

【科属】石蒜科石蒜属

【主要特征】石蒜是多年生草本植物；地下部分为根和鳞茎；鳞茎近球形，秋季出叶，叶带状，顶端钝，叶深绿色，中间被粉；伞形花序，有花5—6朵，花鲜红色或黄色，总苞片2枚，披针形，花被裂片，狭倒披针形，强度皱缩和反卷，花被筒绿色，长约0.5厘米；雄蕊显著伸出花被外，比花被长；花期8—9月；蒴果三棱；种子球形，有光泽，黑色。

【主要用途及生态贡献】1.此花有较高的园艺价值；常用于大树下丛植。2.鳞茎可入药，有解毒、祛痰、利尿、催吐、杀虫等功效，但有小毒。

【地理分布】分布于中国南方各地，日本也有分布。

266.朱顶红

【又名】朱顶兰、柱顶红、百子莲、百枝莲、对对红

【学名】*Hippeastrum rutilum.*

【科属】石蒜科朱顶红属

【主要特征】多年生草本；朱顶红球形鳞茎硕大；叶8—10片，鲜绿色，带状，具光泽；花茎中空，稍扁，被白粉；通常有花2—4朵，花大，花被管绿色，圆筒状，花被裂片长圆形，顶端尖，洋红色；花期春、夏季；果实为蒴果，近球形，三瓣开裂；每一蒴果有种子多粒，种子扁平状。

【主要用途及生态贡献】1.可作观赏盆栽，也用于庭园栽培或配植花坛。2.可作为鲜切花使用。

【地理分布】分布于巴西以及中国大陆的海南等地，已由人工引种栽培。

267.君子兰

【又名】剑叶石蒜、大叶石蒜

【学名】*Clivia miniata.*

【科属】石蒜科君子兰属

【主要特征】多年生草本；茎基部宿存的叶基假鳞茎状；圆柱状根粗长，肉质不分枝；基生叶厚肉质，深绿色，具光泽，全缘，带状，下部渐狭；伞形花序有花十多朵，柱状花茎宽，花直立向上，花被合生成漏斗形，花有鲜红色、橙红色、橘红色等，内面略带黄色；浆果紫红色，宽卵形；一个果实有数十粒种子，种子白色，形状不规则；花期为春、夏季，园艺种植品种冬季也可开花。

【主要用途及生态贡献】观赏花卉，具有很高的观赏价值。是长春市的市花。

【地理分布】原产于南非南部，各地温室均有栽培。

268.风信子

【又名】洋水仙、西洋水仙、五色水仙

【学名】*Hyacinthus orientalis* L.

【科属】风信子科风信子属

【主要特征】风信子是多年生草本球根类植物，鳞茎球形；未开花时形如大蒜；叶4—9枚，狭披针形，肉质，基生，肥厚，带状披针形，具浅纵沟，绿色有光；花茎肉质，花葶中空，茎上无叶，顶端着生总状花序；小花10—20朵密生上部，花被筒形，上部四裂，花冠漏斗状，基部花筒较长，裂片5枚；向外侧下方反卷，风信子有多个品系，花色亦多，花均具芳香；蒴果，内有黑色小粒种子；风信子茎叶夏季枯萎，进入休眠，秋、冬生根，早春开花。

【主要用途及生态贡献】园艺上用途广泛：1.可作盆栽或水培观赏；2.可做切花；3.可布置花坛、花境和花槽等。

【地理分布】世界范围内广泛栽培。

269.水仙

【又名】中国水仙

【学名】*Narcissus tazettaL*.var.chinensis Roem.

【科属】石蒜科水仙属

【主要特征】多年生草本植物；水仙具膜质卵状有皮鳞茎，由鳞茎顶端绿白色筒状鞘中抽出花茎（俗称箭）和叶片，叶扁平，带状，苍绿，叶面具粉，先端钝，叶脉平行；一般每个鳞茎可抽花茎1—2枝或更多，花茎实心；伞状花序有花数朵，佛焰苞状总苞膜质，花瓣多为6片，花瓣末处呈黄色，芳香；蒴果室背开裂，种子近球形。花期春季。

【主要用途及生态贡献】1.世界著名观赏花卉，是中国十大名花之一。2.鳞茎可入药。有小毒，具有清热解毒、散结消肿等疗效。用于腮腺炎、痈疖疔毒初起红肿热痛等症。

【地理分布】品种多，水仙栽培多分布在东南沿海的广东、福建、浙江、上海等省市。

270.中国文殊兰

【又名】白花石蒜、十八学士、罗裙带

【学名】*Crinumasiaticum var. sinicum*（Roxb.ex Herb）Baker.

【科属】石蒜科文殊兰属

【主要特征】多年生常绿草本，植株粗壮；地下部分具有叶基形成的鳞茎，肉质；高达1米，基部茎粗，长圆柱形；从鳞茎基部抽出叶，叶带状披针形，叶缘波状，浅绿色；花葶从叶丛中抽出，花茎直立，高与叶近等长；花序顶生，有花10—20余朵，簇生，实心、伞形、白色，芳香，花被筒细长，裂片线形；蒴果球形，内有一枚较大的种子。

【主要用途及生态贡献】1.耐荫，园林用于大树下丛植、片植，可作为覆盖植物。2.球茎可入药，有行血散瘀，消肿止痛的功效，可用于咽喉炎、跌打损伤、痈疖肿毒、蛇咬伤等症的治疗。

【地理分布】原产于热带或亚热带。

271.白蝴蝶

【又名】箭叶芋、紫梗芋、剪叶芋、丝素藤、果芋

【学名】*Syngonium podophyllum.*

【科属】天南星科合果芋属

【主要特征】白蝴蝶为多年生蔓性常绿草本植物，茎节长有气根，可攀附他物生长。白蝴蝶有多个品种，其叶形色泽、斑纹因品种不同而有差异。常见叶丛生，盾形，呈蝶翅状，叶表多为黄白色，边缘具绿色斑块及条纹，叶柄较长。茎节较短。白蝴蝶一般不易开花。

【主要用途及生态贡献】可作为十分流行的室内吊盆装饰的材料；也可在大树下丛植。

【地理分布】原产于中、南美洲热带，现在世界各地广为栽培。

272.红掌

【又名】红鹅掌、火鹤花、安祖花、花烛

【学名】*Anthurium andraeanum* Linden.

【科属】天南星科花烛属

【主要特征】多年生常绿草本植物，茎节短；叶自基部生出，绿色，革质，全缘，长圆状心形或卵心形；叶柄细长，佛焰苞平出，革质并有蜡质光泽，橙红色或猩红色；肉穗花序，黄色，可常年开花不断。

【主要用途及生态贡献】花期持久，适合盆栽、切花或庭园荫蔽处丛植美化。

【地理分布】欧洲、亚洲、非洲皆有广泛栽培。

273.金钱树

【又名】雪铁芋、金币树、泽米叶天南星、龙凤木

【学名】*Zamioculcas zamiifolia* Engl.

【科属】天南星科雪芋属

【主要特征】多年生常绿草本植物；株高可达1米，是观叶植物；地上部分无主茎，不定芽从块茎萌发，长大成大型羽状复叶，叶轴粗壮，基部膨大，小叶肉质，具短小叶柄，在叶轴上呈对生或近对生，小叶片椭圆形，光亮，坚挺浓绿；地下部分为肥大的块茎；佛焰花苞绿色，船形，肉穗花序较短；蒴果卵圆形，种子具皱纹，有翅；花期5月，果期6—10月。

【主要用途及生态贡献】是观赏价值较高的盆栽。

【地理分布】热带、亚热带气候地区均有分布。

274.凤梨花

【又名】观赏凤梨 菠萝花

【学名】*Eucomis comosa.*

【科属】凤梨科水塔花属

【主要特征】凤梨花是多年生草本植物；常见株高可达0.5米，叶莲座状基生，硬革质，条带状，清脆有光泽，临近花期，中心部分叶片变成光亮的深红色、粉色，或全叶深红，或仅前端红色，叶缘具细锐齿，叶端有刺；凤梨花花序美丽多姿，色彩丰富，有黄色或淡紫红色等，花期长，但观赏类凤梨多不结果（凤梨家族中花朵不美却能结菠萝的品种叫食用凤梨。凤梨花品种多，其叶形、花形、色泽因品种不同而有差异）。

【主要用途及生态贡献】凤梨花十分美丽，既可观叶又可观花，花期长，适合栽培于室内，是年宵花市场的"宠儿"。

【地理分布】原产于中美洲，我国南北各地均已引进栽培。

275.绣球花

【又名】木绣球、八仙花、紫阳花、绣球荚蒾、粉团花

【学名】*Hoya carnosa*（L.f.）R.Br.

【科属】虎耳草科八仙花属

【主要特征】小型落叶灌木，叶对生，卵形至卵状椭圆形，被有星状毛；夏季开花，花于枝顶集成聚伞花序，边缘具白色中性花，花初开带绿色，后转为白色，具清香，其伞形花序如雪球累累，簇拥在椭圆形的绿叶中，其形态像绣球，煞是好看，故名；花期5—7月。

【主要用途及生态贡献】1.切花、盆栽、庭园露地栽培。2.可入药，用于肺热喉痛，有清热解毒之效，又可外用（煎汤洗），或研末涂搽，治疗疥癣、肾囊风等，有清热和止痒的功效。

【地理分布】中国的长江流域、华南和西南以及日本均有分布。

276.天竺葵

【又名】洋绣球、石腊红、入腊红、日烂红、洋葵

【学名】*Pelargonium hortorum.*

【科属】牻牛儿苗科天竺葵属

【主要特征】多年生草本，高0.3—0.6米。茎直立，多分枝，基部木质化，上部肉质，具有较浓裂的鱼腥味，叶互生，托叶宽三角形或卵形；伞形花序腋生，具多花，总花梗长于叶，花瓣红色、橙红、粉红或白色，子房密被短柔毛。蒴果被柔毛；种子椭圆形，小巧，褐色；花期5—7月，果期8—9月。

【主要用途及生态贡献】是很好的窗台装饰、布置花坛的花卉。

【地理分布】天竺葵原产于非洲南部，世界各地均普遍栽培。

277.羽衣甘蓝

【又名】叶牡丹、牡丹菜、花包菜、绿叶甘蓝等

【学名】*Brassica oleracea* var. acephala f.tricolor.

【科属】十字花科芸薹属

【主要特征】二年生草本植物，为结球甘蓝（卷心菜）的园艺变种；基生叶紧密互生，呈莲座状，叶片呈鸟羽状，有光叶、波浪叶、裂叶、皱叶之分，外叶宽大，翠绿色，内叶叶色丰富，有黄白色、粉红色等；羽衣甘蓝观赏品种很多，叶形的变化亦多，一株羽衣甘蓝犹如一朵盛开的牡丹花，因而又名叶牡丹；总状花序，顶生，花冠十字形，异花授粉，虫媒；果实为角果，细圆柱形，种子小球形，褐色；花期4月，主要观赏期为冬季。

【主要用途及生态贡献】1.可作盆栽、切花。2.可作蔬菜食用。

【地理分布】人工栽培，分布在世界各地。

278.紫万年青

【又名】红蚌兰花、菱角花

【学名】*Rhoeo discolor*（L' Her.）Hance.

【科属】鸭跖草科紫万年青属

【主要特征】万年青多年生草本。叶互生而紧贴，披针形，先端渐尖，基部鞘状，上面绿色，下面紫色；茎粗壮，多肉质，不分枝；花白色，腋生，具短柄，多数聚生，包藏于苞片内；苞片2，蚌壳状，大而扁，淡紫色；萼片3，长圆状披针形，分离，花瓣状；花瓣3，分离；雄蕊6，花丝有毛；子房无柄，3室，蒴果，开裂。花期夏季。

【主要用途及生态贡献】1.我国南北地区室内栽培的观叶佳品。2.花可药用。其味甘、淡，性凉，有清肺化痰、凉血止血、解毒止痢的功效。主治肺热咳喘、百日咳、咯血、鼻衄、血痢、便血、瘀病等。

【地理分布】分布于广东、广西、福建等地。

279.紫锦草

【又名】紫鸭跖草

【学名】*Commelina purpurea* C.B.Clarke.

【科属】鸭跖草科鸭跖草属

【主要特征】多年生草本植物，植株高0.3米，茎多分枝，紫红色，节上常生须根，伸长后半蔓性，呈地被匍匐状；叶片互生，披针形，略有卷曲，先端渐尖，叶表面紫红色，被细绒毛，背面淡紫红色，肉质厚，脆易折；花密生在二叉状的花序柄上，花色桃红，开于各分枝顶端；蒴果椭圆形，种子三棱状半圆形；花期夏秋季。

【主要用途及生态贡献】1.有较高的园艺观赏价值，主要应用于林地的地被植物栽培。2.可入药，有清热解毒的功效（注意汁液有小毒，会引起皮肤红肿）。

【地理分布】原产于北美，中国各地都有栽培。

280.唐菖蒲

【学名】*Vaniot Houtt.*

【科属】鸢尾科唐菖蒲属

【主要特征】多年生草本。球茎扁圆球形，叶基生或在花茎基部互生，剑形；蝎尾状单歧聚伞花序，花茎高出叶上，花冠筒呈膨大的漏斗形，花色有红色、黄色、紫色、白色、蓝色等单色或复色品种；蒴果椭圆形，成熟时室背开裂；种子扁，有翅；其原种来自南非好望角，经多次种间杂交而成，栽培品种广泛分布于世界各地。

【主要用途及生态贡献】1.唐菖蒲为重要的鲜切花，可作花篮、花束、瓶插等。可布置花境及专类花坛。矮生品种可制作盆栽以供观赏。2.茎叶可入药，有解毒散瘀，消肿止痛的功效。用于跌打损伤，咽喉肿痛等症的治疗，还可外用，治疗腮腺炎、疮毒、淋巴结炎等。

【地理分布】品种多，世界各地均普遍栽培。

281.蟹爪兰

【又名】圣诞仙人掌、蟹爪莲、锦上添花、螃蟹兰

【学名】*Zygocactus truncatus*（Haw.）K.Schum.

【科属】仙人掌科蟹爪兰属

【主要特征】附生肉质植物，灌木状，茎悬垂，无叶，多分枝无刺，老茎木质化，圆柱状，幼茎扁平，鲜绿色或稍带紫色，顶端截形，形似蟹爪；花单生于枝顶，两侧对称，红色，花萼顶端分离，花冠数轮，雄蕊多数；浆果梨形，红色。花期从10月至次年2月。

【主要用途及生态贡献】为园艺观赏植物（一些园艺爱好者为获得更好看、长势茂盛的盆栽常将蟹爪兰嫁接在量天尺或其他砧木上）。

【地理分布】原产于巴西，中国各地家居和花圃常见栽培。

282.仙人掌

【又名】仙巴掌、霸王树、火焰、火掌、玉芙蓉

【学名】*Opuntia* Mill.

【科属】仙人掌科仙人掌属

【主要特征】仙人掌科肉质灌木或小乔木；根纤维状或有时肉质；茎由扁平、圆柱形或球形的节组成；刺单生或簇生，叶通常小，圆柱形而早落；花生于茎节的上部，绿色或驼色，花冠绿色、黄色或红色；雄蕊比花瓣短；果为浆果，可食。仙人掌是个大家族，它的成员至少在两千种以上，不同品种的仙人掌形态也各有差异。

【主要用途及生态贡献】1.仙人掌类植物的果实、嫩茎可生食、酿酒或制成果干、制作蔬菜等。2.可用于园林绿化等。

【地理分布】原产于美洲，中国引种栽培了约30种。

283.倒挂金钟

【又名】灯笼花、吊钟海棠

【学名】*Fuchsia hybrida* Hort.ex Sieb.et Voss.

【科属】柳叶菜科倒挂金钟属

【主要特征】多年生半灌木；茎直立，高可达1.5米，多分枝，被短柔毛与腺毛，老时渐变无毛，幼枝带红色；叶对生，卵形或狭卵形；花两性，单一，稀成对生于茎枝顶叶腋，下垂如吊钟；果紫红色，倒卵状长圆形，长约1厘米；花期4—12月。

【主要用途及生态贡献】盆栽适用于客室、花架、案头点缀。

【地理分布】原产于墨西哥，现广泛栽培于全世界，在中国各地亦广为栽培。

284.猪笼草

【又名】水罐植物、猴水瓶、猴子埕、猪仔笼、雷公壶

【学名】*Nepenthes sp.*

【科属】猪笼草科猪笼草属

【主要特征】猪笼草是猪笼草属全体物种的总称。原生猪笼草为附生性植物，常生长在大树林下或岩石边；叶的构造比较复杂，分叶柄、叶身和卷须，基部为叶柄，叶片宽大，椭圆形，卷须尾部扩大并反卷形成瓶状，形状像猪笼，并带笼盖（猪笼是捕食昆虫的工具，猪笼盖复面能分泌香味，引诱昆虫，猪笼口光滑，昆虫会滑落笼内，被笼底分泌的黏液粘住淹死，并被分解成营养物质，逐渐被消化吸收）；猪笼草具有总状花序，开绿色或紫色小花；猪笼草的果为蒴果，成熟时开裂散出种子，种子很小且细长，呈梭状至丝线状。花期4—11月，果期8—12月。

【主要用途及生态贡献】1.是漂亮的观赏盆栽。2.可药用，有清肺润燥、行水、解毒的功效。可治疗肺燥咳嗽、百日咳、黄疸、胃痛、痢疾、水肿、痈肿、虫咬伤等症。

【地理分布】原产于广东西部、南部。

285.地涌金莲

【又名】千瓣莲花、地金莲、不倒金刚

【学名】*Musella lasiocarpa*（Franch.）C.Y. Wu ex H.W.Li.

【科属】芭蕉科地涌金莲属

【主要特征】多年生草本植物。地下有水平生长根状茎，地上部分为假茎，假茎矮而粗壮，高约0.6米，茎基部有宿存的叶鞘，植株丛生；叶大型，叶片长椭圆形，状如芭蕉，叶面被白粉；花序莲座状，生于假茎上，苞片黄色，花被微带淡紫色，花有芳香味儿；果为浆果，三棱状卵形外被硬毛，果内有种子多数；种子大，扁球形，黑褐色，光滑；花期很长，8—10个月。

【主要用途及生态贡献】1.适合园林栽培观赏。2.茎、花均可入药，有收敛止血的作用。治白带、红崩及大肠下血等症。3.茎汁可用于解酒及草乌中毒。4.全株均可当蔬菜炒着吃，也可作饲料喂养牲畜。

【地理分布】原产于中国云南，为中国特产花卉。

286.五色椒

【又名】朝天椒、五彩辣椒、观赏椒、佛手椒、观赏辣椒

【学名】*Capsicum frutescens.*

【科属】茄科辣椒属

【主要特征】多年生草本，常作1年生栽培；茎半木质化或半灌木状，茎直立，微生柔毛，分枝多，是蔬菜尖椒的变种；单叶互生，卵状披针形，全缘，顶端急尖，基部钝圆；花小，花冠白色，单生叶腋或簇生枝梢顶端，有梗，花萼杯状，结果时膨大，花期7月至冬季；浆果直立，小而尖，指形、圆锥形或球形，在成熟过程中，由绿色转变成白色、黄色、橙色、红色、紫色等，有光泽；种子扁肾形，淡黄色，果期秋、冬季。

【主要用途及生态贡献】1.五色椒植于花坛，也可盆栽。2.果、叶均可作蔬菜食用。3.果、根、茎均可药用，主治风湿冷痛及冻疮等症。

【地理分布】原产于美洲热带，现世界各国均广为栽培。

▼

第九章

兰科植物

287.墨兰

【又名】报岁兰、报春兰

【学名】*Cymbidium sinense*（JacksonexAndr.）Willd.

【科属】兰科兰属

【主要特征】多年生草本地生植物；假鳞茎卵球形，包藏于叶基之内；叶丛生，剑形，革质，有光泽，墨绿色；总状花序，花葶从假鳞茎基部发出，直立，较粗壮，一般略长于叶，花的色泽变化较大，较常为棕褐色，近似墨色，也有黄绿色、桃红色或白色的，有香气，萼片狭椭圆形，花瓣近狭卵形，唇瓣近卵状长圆形，色较浅；花粉团4个，成2对，宽卵形；蒴果狭椭圆形，乳黄色，种子粉末状，细长；花期10月至次年3月。

【主要用途及生态贡献】装点室内环境和作为馈赠亲朋的礼仪盆花。花枝也可用于插花。

【地理分布】东亚、东南亚和南亚各国的林下、灌木林中或溪谷旁湿润但排水良好的荫蔽处均有分布。

288.建兰

【又名】四季兰、雄兰、骏河兰、剑蕙

【学名】*Cymbidium ensifolium*（L.）Sw.

【科属】兰科兰属

【主要特征】多年生草本地生植物，假鳞茎卵球形，包藏于叶基之内。叶2—6枚，带形，革质，有光泽；花葶从假鳞茎基部发出，直立，一般短于叶，总状花序，有3—9朵花，常有香气，色泽有变化，通常为浅黄绿色（浅红色）而具紫斑，萼片近狭椭圆形，花瓣狭卵状椭圆形，近平展，唇瓣近卵形，略3裂；蒴果狭椭圆形，种子粉末状；花期通常为5—9月。

【主要用途及生态贡献】1.形态高贵典雅，具有较高的园艺观赏价值。2.全草均可入药，有滋阴润肺、止咳化痰、活血、止痛的功效。

【地理分布】原产于中国多地，广泛分布于东亚、东南亚和南亚各国。

289.寒兰

【学名】*Cymbidium kanran* Makino.

【科属】兰科兰属

【主要特征】多年生草本地生植物，假鳞茎狭卵球形，包藏于叶基之内；叶带形，修长，薄革质，暗绿色，前部边缘常有细齿，尾部修长渐尖；花常为淡黄绿色而具淡黄色唇瓣，也有其他色泽，花瓣常为卵状披针形，唇瓣近卵形，花常有甜香味，且较持久；蕊柱稍向前弯曲，两侧有狭翅；蒴果狭椭圆形，长约4.5厘米，宽约1.8厘米，种子粉末状；花期9月至次年2月，故名"寒兰"，但其耐寒性并不强。

【主要用途及生态贡献】具有较高的园艺欣赏价值，是国家二级保护植物。

【地理分布】分布于东亚地区海拔600—2000米的稍荫蔽、湿润、多石之林下、溪谷旁。

290.春兰

【又名】朵兰、扑地兰、幽兰、朵朵香、草兰

【学名】*Cymbidium goeringii*（Rchb.f.）Rchb.f.

【科属】兰科兰属

【主要特征】多年生草本地生植物；植株一般较小，假鳞茎较小，卵球形；叶丛生，狭带形，边缘具细齿；花葶直立，远比叶短，花多单朵，花色以绿色、淡褐黄色居多，花瓣常为长卵圆形，唇瓣近卵形，花有清香；蒴果狭椭圆形，花期1—3月；广义的春兰还包括豆瓣兰、莲瓣兰、春剑；株花各有特色。

【主要用途及生态贡献】是中国兰花中栽培历史最为悠久、人们最为喜欢的种类之一。

【地理分布】生于中国南方，日本、朝鲜半岛南端等也有分布。

291.蝴蝶兰

【又名】蝶兰、台湾蝴蝶兰

【学名】*Phalaenopsis aphrodite* Rchb.F.

【科属】兰科蝴蝶兰属

【主要特征】单茎性附生兰；气根，圆柱形，皮层肉质；叶茎较短，叶相对较大，叶片肉质，光亮，呈椭圆形，全缘；花大，花期长，因花形似蝶，故得名"蝴蝶兰"；蒴果，长卵圆形，种子粉末状；是园林中名贵的观赏花卉品种，有"兰中皇后"之美誉；蝴蝶兰品种上千。

【主要用途及生态贡献】蝴蝶兰是一种花期长，花形奇特，具观赏价值的兰花，素有"洋兰皇后"的美誉，是重要的盆栽、切花品种之一。

【地理分布】在中国台湾和泰国、菲律宾、马来西亚、印度尼西亚等地均有分布。中国大陆各地温室也有栽培。

292.卡特兰

【又名】阿开木、嘉德利亚兰、加多利亚兰、卡特利亚兰

【学名】*Cattleya hybrida.*

【科属】兰科卡特兰属

【主要特征】卡特兰属多年生附生兰，是园艺杂交种，是国际上最有名的兰花之一；假鳞茎呈棍棒状；顶部生有叶1—3枚，叶长圆形，厚而硬，革质，具光泽；花单朵或数朵，着生于假鳞茎顶端，萼片披针形，花瓣卵圆形，边缘波状，花大而美丽，有白色、橙色、红色、黄色等，色泽鲜艳而丰富，品种在数千个以上；卡特兰花开后授粉能结果实，果实可以播种繁殖；在园艺栽培上，繁殖用分株、组织培养或无菌播种。

【主要用途及生态贡献】全年都可观赏。

【地理分布】原产于美洲热带，为巴西、哥伦比亚等国国花。我国热带地区引进栽培。

293.石斛兰

【又名】禁生、杜兰、金钗花、千年润、黄草、吊兰花

【学名】*Dendrobium nobile.*

【科属】兰科石斛兰属

【主要特征】石斛兰附生于树干或树洞中，花色多样化，是最耐寒的洋兰。观察石斛兰的茎，会发现它的茎长棒状，像是一根棍子，属于假球茎，茎具有根茎、直立、匍匐或具假球茎等生育形式。叶片从一片到多片皆有，带状，有光泽，花亮丽，花瓣通常较窄，唇瓣完整或三裂，与蕊柱基部相连；石斛兰颜色多，花形变化大，品种多达1200多种。

【主要用途及生态贡献】1.石斛兰是一种观赏盆栽植物。具有秉性刚强、祥和可亲的气质，被誉为父亲之花。2.石斛兰多品种均可入药。有益胃生津、滋阴清热的功效。

【地理分布】分布于我国西南、华南、台湾等大部分地区。

294.兜兰

【又名】拖鞋兰

【学名】*Cypripedium corrugatum* Franch.

【科属】兰科兜兰属

【主要特征】多年生草本，多数为地生，也有半附生、附生草本，杂交品种较多，是栽培最普及的洋兰之一；茎甚短；叶片带形或长圆状披针形，绿色或带有红褐色斑纹；花十分奇特，唇瓣呈口袋形；背萼极发达，有各种艳丽的花纹，两片侧萼合生在一起，花瓣较厚，花寿命长，有的可开放6周以上，并且四季都有开花的种类；果实为蒴果。

【主要用途及生态贡献】1.适合盆栽观赏，是极好的高档室内盆栽观花植物。2.**根可入药**，有调经活血、消炎止痛的功效，主治月经不调、痛经、闭经、附件炎、膀胱炎、疝气等症的治疗。

【地理分布】全世界约有兜兰属植物60多种，分布于亚洲热带和亚热带的温暖、湿润和半阴的环境，主要在亚洲的太平洋诸岛，亚洲南部的印度、缅甸、印尼等国家和地区。

295.文心兰

【又名】吉祥兰、跳舞兰、舞女兰、金蝶兰、瘤瓣兰

【学名】*Oncidium hybridum.*

【科属】兰科文心兰属

【主要特征】复茎性附生兰类，具有多种形状的球茎；叶片1—3枚，可分为薄叶种、厚叶种和剑叶种；文心兰花型独特，具有较高的观赏价值，花朵颜色多样，花序变化多端，其花序分枝良好，花形优美，近看像"吉"字，所以又名吉祥兰，盛开的小花宛如一群起舞的女郎，故又名舞女兰、跳舞兰，花的唇瓣通常三裂，或大或小，呈提琴状，在中裂片基部有一脊状凸起物，脊上又凸起的小斑点，故名瘤瓣兰；本属植物全世界原生种多达750种以上；文心兰受粉后能结果，里面有面粉状种子。

【主要用途及生态贡献】是洋兰类的新宠，被插花界誉为切花"五美人"之一。

【地理分布】文心兰原生于美洲热带地区，现在世界各地都有引进栽培。

296.大花蕙兰

【又名】喜姆比兰、蝉兰

【学名】*Cymbidium hybrid.*

【科属】兰科兰属

【主要特征】兰属中通过人工杂交培育、色泽艳丽、花朵硕大的附生类以及少量的地生类品种的一个统称；根为圆柱形，多白色，肉质状；假鳞茎粗壮，属合轴性兰花；叶片2列，长披针形，叶片长度、宽度不同，品种差异很大，叶色受光照强弱影响很大，可由黄绿色至深绿色；总状花序较长，小花一般有十多朵，花大型，花色丰富，有些品种的花有香气；其果实为蒴果，种子十分细小，几乎无胚乳，在自然条件下一般很难萌发。

【主要用途及生态贡献】主要用作盆栽观赏或切花，因花期在春节前后，因此也是中国的优质年宵花。

【地理分布】产地主要是中国、日本、韩国、澳大利亚及美国等。

297.万代兰

【又名】万带兰

【学名】*Vanda.*

【科属】兰科万代兰属

【主要特征】万代兰，是对兰科万代兰属的植物统称，万代兰属植物有60—80种，多年生草本。典型附生兰，为单轴茎的热带兰，没有假鳞茎，有明显茎干，坚固而直立；植株高矮差异大，茎上具多数粗壮的气生根，根长可达1米以上；叶片在茎两侧排成两列，带状或圆柱状，革质；绿色总状花序从叶腋间抽出，有花10—20朵，万代兰花朵硕大，花姿奔放，花色丰富，有白色、黄色、粉色、红色、褐色及兰花中极为稀有的蓝色，唇瓣较小，三裂，中裂片向前伸展，侧裂片直立，唇基部与蕊柱结合，大多数种类白天散发出芳香气；万代兰受粉后能结果，里面有面粉状种子；花期秋、冬季，可长达2—3个月。

【主要用途及生态贡献】常作为盆栽、吊挂装饰及切花，供观赏之用。

【地理分布】广泛分布于中国、印度、马来西亚、菲律宾、美国夏威夷以及新几内亚、澳大利亚等。

298.鹤顶兰

【学名】*Phaius tankervilleae*（Banks ex L'Herit.）Bl.

【科属】兰科鹤顶兰属

【主要特征】鹤顶兰植物体高大，大多为地生兰；假鳞茎圆锥形；叶2—6枚，互生于假鳞茎的上部，长圆状披针形，两面无毛；花葶从假鳞茎基部或叶腋发出，直立，圆柱形，疏生数枚大型的鳞片状鞘，无毛；总状花序具多数花，花大，美丽，唇瓣贴生于蕊柱基部，背面白色带茄紫色的前端，内面茄紫色带白色条纹，摊平后整个轮廓为宽菱形或倒卵形，比萼片短，中部以上浅3裂；蒴果六棱；花期3—6月。

【主要用途及生态贡献】是极好的室内盆栽花卉，具有较高的园艺价值。

【地理分布】广泛分布于亚洲热带和亚热带地区以及大洋洲等地。

第十章

水生植物

299.美人蕉

【又名】大花美人蕉、红艳蕉、蕉芋

【学名】*Canna indica* L.

【科属】美人蕉科美人蕉属

【主要特征】多年生草本植物，高可达1.5米，具块状茎根，茎根粗壮发达；全株绿色无毛，被蜡质白粉；地上枝丛生；单叶互生，具鞘状的叶柄，叶片卵状长圆形，叶片阔大，叶面绿色，全缘；总状花序，花单生或对生，萼片绿白色，花冠大多红色（或黄色），唇瓣披针形，弯曲；卵形，绿色，果实为蒴果，长卵形，带软刺，种子球状，细小，黑色；花期、果期3—12月。

【主要用途及生态贡献】1.亚热带和热带常用的观花植物。2.块茎富含淀粉，可食用。

【地理分布】原产于热带美洲、印度、马来半岛等热带地区，中国南方湿润地区均有栽种。

300.菖蒲

【又名】泥菖蒲、香蒲、野菖蒲、臭菖蒲、山菖蒲、白菖蒲、藏菖蒲

【学名】*Acorus calamus* L.

【科属】天南星科菖蒲属

【主要特征】菖蒲是多年生湿地草本植物；稍扁的根茎横走，多分枝，根茎芳香，肉质根多数，具毛发状须根；叶基生，向上渐狭，至叶长1/3处渐行消失、脱落，叶片剑状线形，草质，绿色，光亮；肉穗花序斜向上或近直立，狭锥状圆柱形，花黄绿色，子房长圆柱形；浆果长圆形，红色；花期6—9月。

【主要用途及生态贡献】1.有较高的观赏价值，在园林绿化中是常用的水生植物。2.其花、茎均可入药，香味浓郁，具有开窍祛痰、散风的功效（菖蒲有毒，小心使用）。

【地理分布】原产于中国及日本，北温带地区均有分布。

301.大薸

【又名】肥猪草、水芙蓉、白菜、水莲花、大叶莲、浮萍

【学名】*Pistia stratiotes.*

【科属】天南星科大薸属

【主要特征】多年生浮水草本；有长而悬垂的根多数，须根羽状，密集；叶簇生成莲座状，叶片常因发育阶段不同而形异，倒三角形、倒卵形、扇形，先端截头或浑圆，基部厚，两面被毛，基部尤为浓密，叶脉背面明显隆起成褶皱状；佛焰苞白色，外被绒毛，下部管状，上部张开，肉穗花序与佛焰苞合生，花小，单生，无花被；果实浆果；花期5—11月。

【主要用途及生态贡献】1.大薸可点缀水面，宜植于池塘、水池中观赏。2.大薸以叶入药，有祛风发汗，利尿解毒的功效。3.大薸可作猪的饲料。

【地理分布】大薸原产地南美洲，现在广泛入侵亚热带、热带湿地，我国南方地区的许多湿地也出现了大范围的大薸。

302.马蹄莲

【又名】慈茹花、水芋马、观音莲

【学名】*Zantedeschia aethiopica*（L.）Spreng.

【科属】天南星科马蹄莲属

【主要特征】多年生粗壮草本，具块茎；叶基生，叶片较厚，绿色，箭形，先端具尾状尖头，基部心形，全缘，光滑；佛焰苞亮白色，有时带绿色，挺秀雅致，花苞洁净，宛如马蹄；肉穗花序鲜黄色，圆柱形；浆果短卵圆形，淡黄色，有宿存花柱；种子倒卵状球形。

【主要用途及生态贡献】1.可用于栽培，以供观赏。在国际花卉市场上已成为重要的切花种类之一。2.可药用。鲜马蹄莲块茎适量捣烂外敷可治疗烫伤等症（禁忌内服，误食一点点都会引起呕吐）。

【地理分布】原产于非洲东北部及南部地区，中国南方各地亦有栽培。

303.鸢尾

【又名】蓝蝴蝶、紫蝴蝶、扁竹花

【学名】*Iris tectorum* Maxim.

【科属】鸢尾科鸢尾属

【主要特征】多年生宿根性草本植物，根状茎粗壮，直径约1厘米，二歧分枝；叶剑形，光滑；花蓝紫色，花梗甚短，花被管细长，上端膨大成喇叭形；蒴果长椭圆形；种子梨形，黑褐色；花期4—5月，果期6—8月。

【主要用途及生态贡献】1.园林可供观赏。2.花的香气淡雅，可以调制香水。3.其根状茎可作中药，具有消炎作用。

【地理分布】原产于中国中部以及日本，主要分布在中国中南部。

304.荷花

【又名】莲花、水芙蓉

【学名】*Nelumbo* SP.

【科属】睡莲科莲属

【主要特征】水生草本；根状茎横生，肥厚，节间膨大，内有多数纵行通气孔道，节部缢缩，上生黑色鳞叶，下生须状不定根。叶大，盾状圆形，全缘，叶柄圆柱形，密布刚刺；花单生于花梗顶端，花瓣多数，嵌生在花托穴内，有红色、粉红色、白色、紫色等，或有彩纹、镶边，花葶具有荷叶样的柄；坚果椭圆形，熟时黑色，种子卵形，花期夏天，果期秋天；荷花种类很多，分观赏和食用两大类。

【主要用途及生态贡献】1.莲子和藕可食用。2.根茎、藕节、莲子、花、叶及种子的胚芽等均可药用，不同的部位其药效有差异。藕节止血、散瘀；荷叶清暑利湿；荷花活血止血、祛湿消风；莲房消瘀、止血、祛湿；莲须清心、益肾、涩精、止血；莲子养心、益肾、补脾、涩肠，以湖南的"湘莲子"最为著名；莲衣能敛，佐参以补脾阴；莲子心清心、去热、止血、涩精。3.水生观赏植物。

【地理分布】我国各省市均普遍栽培。

305.睡莲

【又名】子午莲、茈碧莲、白睡莲

【学名】*Nymphaea* L.

【科属】睡莲科睡莲属

【主要特征】多年生水生草本，根状茎粗短肥厚；叶柄圆柱形，细长；叶椭圆形，全缘，纸质，表面光亮，背面带紫色，叶基心形，叶二型，浮水叶基部具有弯缺，心形，沉水叶薄膜质，脆弱；花单生，花瓣通常8片，花大形，浮在或高出水面，白天开花夜间闭合；果实倒卵形，浆果，黑色种子椭圆形，坚硬；6—9月盛花期。

【主要用途及生态贡献】1.公园作为观赏植物水体栽培。2.根状茎可食用或酿酒。3.根状茎可入药，治小儿慢惊风等症。4.全草可作绿肥。

【地理分布】我国各省市都有种植，日本、印度、北美等地也有分布。

306.王莲

【学名】*Victoria regia* Lindl.

【科属】睡莲科王莲属

【主要特征】王莲属植物的统称；王莲是水生有花植物中叶片最大的植物，叶片直径可达2米以上，引人注目，叶片负载能力让人吃惊，一片宽大的叶片居然能承重80多公斤，叶片圆形，叶缘直立，像圆盘浮在水面，叶面光滑，叶柄绿色，长达3米，叶子背面和叶柄有许多坚硬的刺，叶脉为放射网状；王莲的花很大，单生，花瓣数目很多，呈倒卵形，子房下部长着密密麻麻的粗刺；王莲的花期为夏、秋季，甚芳香，王莲9月前后结果，浆果呈球形，种子黑色，内含400—500粒种子，种子大小如莲子，富含淀粉，可食用，当地人称之为"水玉米"。

【主要用途及生态贡献】该属植物均是热带著名水生庭园观赏植物。

【地理分布】原产于南美热带地区，现在我国热带湿地公园均有栽培。

307.芡实

【又名】鸡头米、鸡头苞、鸡头莲、刺莲蓬实

【学名】*Euryale ferox* Salisb.ex Konig et Sims.

【科属】睡莲科芡属

【主要特征】一年生大型水生草本植物；叶有二型，沉水叶箭形，浮水叶革质，椭圆肾形，全缘，两面在叶脉分枝处均有锐刺；叶柄及花梗粗壮，皆有硬刺；花长大约5厘米，花瓣紫红色，矩圆披针形，花托形似鸡头，故又被称为鸡头米；浆果球形，紫红色，外表长满硬刺；种子球形，褐色；7—8月开花，8—9月结果。

【主要用途及生态贡献】1.水域栽培，可美化、净化环境。2.种子可食用，亦可入药。具有补脾止泻、益肾固精、祛湿止带之功效。

【地理分布】分布于中国南北各省，生于池塘、湖沼中。

308.凤眼莲

【又名】水葫芦、凤眼蓝、水葫芦苗、水浮莲

【学名】*Eichhornia crassipes*（Mart.）Solms.

【科属】雨久花科凤眼莲属

【主要特征】浮水草本植物；须根发达，棕黑色；茎极短，匍匐枝淡绿色；叶在基部丛生，叶柄底部有一个像葫芦一样膨大的部位，因而得名"水葫芦"，内有许多柱状细胞组成的气室，维管束散布其间，绿色，叶柄基部有鞘状黄绿色苞片，叶柄长短不等，圆形叶片；花葶多棱，穗状花序通常具有9—12朵花，花瓣紫蓝色，花冠略两侧对称，四周淡紫红色，中间蓝色，在蓝色的中央有1个黄色圆斑，形如凤眼，非常靓丽，故又称"凤眼莲"（花还有大花和黄花变种）；蒴果卵形；花期7—10月，果期8—11月。

【主要用途及生态贡献】1.可作猪饲料。2.公园水域栽培，观赏，对水体有净化功能。3.全株均可入药，有清凉解毒、除湿祛风热以及外敷热疮等功效。

【地理分布】原产于南美亚马孙河流域，为外来入侵植物；现在我国黄河以南各水域均被入侵。

309.风车草

【又名】伞草、水竹

【学名】*Cyperus alternifolius L.subsp.flabelliformis*（Rottb.）KüKenth.

【科属】莎草科莎草属

【主要特征】多年生草本植物，株高达1.6米，圆柱形茎粗大，无分枝；叶片伞状，如风车，如雨伞，叶鞘棕色，叶状苞片近相等，较花序长，向四周展开，平展；聚伞花序具多数辐射枝，小穗密生于辐射枝顶端，小穗长圆状披针形，鳞片紧密的覆瓦状排列，苍白色，花两性，花药线形，花柱短；小坚果椭圆形，近于三棱形，褐色；花果期夏、秋季。

【主要用途及生态贡献】作为湿地观赏植物，对水体还有净化功能。

【地理分布】原产于非洲湿地，现中国南北各省均有栽培。

310.水葱

【又名】莞、苻蓠、莞蒲、夫蓠、葱蒲、莞草、蒲苹、水丈葱

【学名】*Scirpus validus* Vahl.

【科属】莎草科藨草属

【主要特征】多年生草本，高达2米，匍匐根状茎粗壮，有许多须根；秆高大，圆柱状；最上面一个叶鞘具叶片，叶片线形，苞片为秆的延长，直立，钻状，常短于花序；长侧枝聚伞花序简单或复出，假侧生，具多个辐射枝，长圆形小穗单生或2—3个簇生于辐射枝顶端，顶端急尖或钝圆，具多数花；小坚果倒卵圆形，双凸状，平滑，花果期6—9月。

【主要用途及生态贡献】1.其生长在湖边或浅水塘中，栽培作观赏用。2.取其秆作为编制席子的材料。3.秆可药用，具有除湿利尿之效。

【地理分布】原产于中国多地，也分布于朝鲜、日本以及大洋洲、南北美洲等地。

311.再力花

【又名】水竹芋、水莲蕉、塔利亚

【学名】*Thalia dealbata* Fraser.

【科属】竹芋科再力花属

【主要特征】多年生挺水草本植物；株高可达2—3米；叶基生，卵状披针形，硬质纸，灰绿色，全缘；复穗状花序，花小，紫色，花柄可高达2米以上，茎端开出紫色花朵，像系在钓竿上的鱼饵，形状非常特殊，花期夏、秋季；蒴果近圆球形或倒卵状球形，果皮浅绿色，成熟时顶端开裂；成熟种子棕褐色，表面粗糙，具假种皮，种脐较明显；具块状根茎，根茎萌芽生长为分株。

【主要用途及生态贡献】外表美丽，花期长，是一种观赏价值极高的挺水花卉。

【地理分布】其原产于美国南部和墨西哥的热带地区，中国南方低海拔地区水域已引入栽培。

▼

第十一章

蕨类植物

312.桫椤

【又名】蛇木、树蕨、刺桫椤、笔筒树

【学名】*Alsophila spinulosa*（Wall.exHook.）R.M.Tryon.

【科属】桫椤科桫椤属

【主要特征】木本蕨类植物，有"蕨类植物之王"的赞誉。桫椤干高达6米或更高，直径达0.2米，是目前自然界发现的唯一的木本蕨类植物，又称"树蕨"；桫椤的茎直立，中空，似笔筒，叶螺旋状排列于茎顶端，叶柄长，达0.5米，叶片大，三回羽状深裂，叶片纸质；孢子囊群孢生于侧脉分叉处，靠近中脉，有隔丝，囊托突起，囊群盖球形，薄膜质，外侧开裂，易破，成熟时反折覆盖于主脉上面；桫椤极其珍贵，是植物界的大熊猫，被国家列为一级保护的濒危植物，有"活化石"之称。

【主要用途及生态贡献】1.是一种很好的庭园观赏树木。2.可制作成工艺品。3."活化石"植物，对研究物种的形成和植物地理区系具有重要价值。4.茎秆可药用，具祛风除湿、清热止咳的功效。

【地理分布】生于林下或溪边荫地，中国南方各地，南亚、东南亚一些国家和地区及日本南部也有分布。

313.鸟巢蕨

【又名】山苏花、巢蕨、山苏花、王冠蕨

【学名】*Asplenium nidus.*

【科属】铁角蕨科巢蕨属

【主要特征】多年生的一种荫生蕨类植物。植株高1米，株形鸟巢状；根状茎直立，粗短，木质，深棕色；叶片阔披针形，先端渐尖，全缘，膜质，稍有光泽，叶簇生；孢子囊群线形，生于小脉的上侧，自小脉基部以上外行达离叶边不远处，彼此以宽的间隔分开，叶片下部通常不育。

【主要用途及生态贡献】1.姿态优雅，四时苍翠，是美丽的荫生观叶植物。2.全株可入药，有强壮筋骨、活血祛瘀的功用。嫩叶可作野生蔬菜食用。

【地理分布】原生于亚洲东部、南部、澳大利亚东部和非洲东部等，在中国热带丛林地区广泛分布。

314.肾蕨

【又名】蜈蚣草、篦子草

【学名】*Nephrolepis auriculata*（L.）Trimen.

【科属】肾蕨科肾蕨属

【主要特征】附生或土生；高达0.7米，根状茎直立，下部有粗铁丝状的匍匐茎向四方横展，根状茎和匍匐茎都疏被棕褐色鳞片，匍匐茎具有纤细的褐棕色须根，匍匐茎上还生有近圆形块茎，此块茎在山里称"凤凰蛋""石黄皮"，可食用；叶暗褐色，光滑，革质，叶片线状披针形，一回羽状，羽片多数，互生，常密集而呈覆瓦状排列，叶缘有疏浅的钝锯齿；孢子囊群成1行，位于主脉两侧，肾形，囊群盖褐棕色，边缘色淡，无毛。

【主要用途及生态贡献】1.肾蕨株形美观，是中国内外园林广泛应用的观赏蕨类。2.块茎含淀粉，可食用。3.全草可入药，具清热利湿、宁肺止咳、软坚消积的功效，主治感冒发热、咳嗽、肺结核咯血、痢疾、急性肠炎等症。

【地理分布】原产于热带和亚热带地区，我国华南、西南及浙江、江西、福建、台湾、湖南等地有野生品种。

315.波士顿蕨

【又名】球蕨、波士顿肾蕨

【学名】*Nephralepis exaltata cu*.Bastaniensis.

【科属】肾蕨科肾蕨属

【主要特征】多年生草本。株高达0.9米；一回羽状复叶，羽叶较宽，长可达0.8米，翠绿色有光泽的羽裂叶向下弯曲，向下生长，形态潇洒优雅，常作室内小盆栽；波士顿蕨匍匐茎可向四方伸展开来，并长出新的小芽，亭亭玉立，宜观赏；波士顿蕨不会产生孢子，一般分株繁育；波士顿蕨是肾蕨的变种，早期在美国最先发现，故而得名。

【主要用途及生态贡献】适合作为室内观赏盆栽。

【地理分布】原产热带及亚热带，在我国南方亦有分布。

316.崖姜蕨

【又名】崖姜、崖蕨、崖羌蕨、穿石剑、皇冠蕨、肉碎补、大碎补、骨碎补

【学名】*Pseudodrynaria coronans*（Wall.ex Mett.）Ching.

【科属】槲蕨科崖姜蕨属

【主要特征】大型附生草本植物，植株高0.8—1.4米；根状茎粗壮，肉质，扁而横生，密生棕色线形绒毛；叶簇生，有光泽，硬革质，光滑，无柄，叶片矩圆状倒披针形，向下部渐狭，但近基部又渐变阔而呈心形，中部以上深羽裂，有时近羽状，向下浅裂或波状；顶部渐尖，全缘，以关节和叶轴相连，叶脉两面明显，下面粗凸，网状；孢子囊群生于靠近侧脉的网眼上边和内藏小脉的交叉点上，近圆形。

【主要用途及生态贡献】1.栽培于庭园供观赏。2.根状茎可入药，活血止痛，接骨消肿。

【地理分布】原产于我国南部、东南部省区，附生雨林或季雨林中树干上或石上。缅甸、马来西亚、印度、尼泊尔等地也有分布。

317.鹿角蕨

【又名】麋角蕨、蝙蝠蕨

【学名】*Platycerium wallichii* Hook.

【科属】鹿角蕨科鹿角蕨属

【主要特征】附生植物；根状茎肉质，短，横卧，密被淡棕色或灰白色鳞片，线形；叶直立，无柄，贴生于树干上，长宽近相等，先端截形，不整齐，裂片近等长，全缘，主脉两面隆起，叶脉初时绿色，不久枯萎，褐色，叶常成对生长，下垂，灰绿色；孢子囊散生于主裂片第一次分叉的凹缺处以下，初时绿色，后变黄色；隔丝星状毛。孢子绿色。该种已列入国家二级保护植物。

【主要用途及生态贡献】鹿角蕨有时候也被叫作麋鹿蕨，因其外形与鹿角极为相似而具有很高的观赏价值，一直是园林植物的上品。

【地理分布】产自中国云南，印度东北部、缅甸、泰国等地也有分布。

第十二章

草坪植物

318.沿阶草

【又名】麦冬

【学名】*Ophiopogon japonicus*（Linn.f.）Ker—Gawl.

【科属】百合科沿阶草属

【主要特征】多年生常绿草本植物，根较粗，中间或近末端常膨大成纺锤形的小块根；茎短；叶从基部生出，成丛，禾叶状，先端渐尖；花葶较叶稍短，总状花序，花稍带紫色；种子球形，花期5—8月，果期8—10月。

【主要用途及生态贡献】1.具有极佳的观赏价值，可用于室外草地绿化，又可作为室内盆栽观赏。2.沿阶草的小块根是中药，味甘，可治疗伤津心烦、食欲缺乏、咯血等症。

【地理分布】其原产于东亚、南亚、东南亚，中国南方亦有栽培。

319.马尼拉草

【又名】沟叶结缕草、台北草、菲律宾草、马尼拉芝

【学名】*Zoysia matrella.*

【科属】禾本科结缕草属

【主要特征】多年生草本；具横走根茎和匍匐茎，须根细弱；秆直立基部，节间短，每节具一至数个分枝；叶鞘长于节间，鞘口具长柔毛，叶舌短而不明显，顶端撕裂为短柔毛，叶片质硬，内卷，上面具沟，无毛，顶端尖锐；总状花序呈细柱形，小穗卵状披针形，黄褐色，花期7月；颖果长卵形，棕褐色，果期7—10月。

【主要用途及生态贡献】1.广泛用于铺建庭园绿地、公共绿地及固土护坡场合。2.可作牧草，牛、马、兔、鸡等喜食其叶茎。

【地理分布】主要分布于中国台湾、广东、海南等地。

320.结缕草

【又名】结缕草、锥子草、延地青

【学名】*Zoysia japonica* Steud.

【科属】禾本科结缕草属

【主要特征】多年生草本，具横走根茎，须根细弱；秆直立，基部常有宿存枯萎的叶鞘；叶鞘无毛，叶舌纤毛状；叶片扁平或稍内卷，表面疏生柔毛，背面近无毛；总状花序呈穗状，小穗柄通常弯曲，淡黄绿色或带紫褐色；颖果卵形，棕褐色；花果期5—10月。

【主要用途及生态贡献】1.主要用于运动场地的草坪。2.可作牧草，牛、马、驴、骡、山羊、绵羊、奶山羊、兔等均喜食其鲜叶茎。

【地理分布】产于中国东北、河北、山东、江苏、安徽、浙江、福建、台湾、广东等地。朝鲜、日本、北美也有引种。

321.地毯草

【又名】大叶油草、巴西地毯草

【学名】*Axonopus compressus*（Sw.）Beauv.

【科属】禾本科地毯草属

【主要特征】多年生草本植物；长匍匐枝；秆压扁，高可达0.6米，节密生灰白色柔毛；叶鞘松弛，压扁，叶片扁平，质地柔薄，两面无毛或上面被柔毛；总状花序，呈指状排列在主轴上，小穗长圆状披针形，第一颖缺，第二颖与第一外稃等长或第二颖稍短，第一内稃缺，第二外稃革质，花柱基分离，柱头羽状，白色。

【主要用途及生态贡献】1.是优良的固土护坡植物材料，广泛应用于铺设绿地，与其他草种混合铺建活动场地。2.可作牧草，各类家畜等喜食其新鲜叶茎。

【地理分布】原产于中美洲热带地区，热带、亚热带地区引种栽培。中国广东、台湾、云南、广西均有栽培。

322.剪股颖

【又名】四季青草

【学名】*Agrostis matsumurae* Hack.ex Honda.

【科属】禾本科剪股颖属

【主要特征】多年生草本。根茎疏丛型，下部膝曲或斜升，具有5—6节；叶稍无毛，多短于节间；叶舌长0.3—0.5厘米，先端齿裂，叶片扁平，长17—30厘米，宽3—8厘米，上面微粗糙；圆锥花序尖塔形，疏散展开，长14—30厘米，草绿色或带紫色，成熟后黄紫色，每节具多数簇生的分枝，基部着生小穗，小穗长0.2—0.25厘米，二颖近等长，具1脉或脊，外稃长0.2厘米左右，无芒，内稃长为外稃长的2/3或3/4，具2脉。花果期4—7月。

【主要用途及生态贡献】1.广泛应用于足球场、高尔夫球场等运动场的绿化。2.是优良牧草，猪、牛、马、兔、鸡等喜食其叶。3.全草均可入药，有清血、解热、生肌的功效。

【地理分布】我国南方地区均有分布。

323.狗牙根

【又名】百慕达绊根草、爬根草、感沙草、铁线草

【学名】*Cynodon dactylon*（L.）Pers.

【科属】禾本科狗牙根属

【主要特征】多年生低矮草本植物，具根茎；秆纤细而坚韧，下部匍匐地面蔓延生长，节上常生不定根，秆壁厚，两侧稍压扁，光滑无毛；叶鞘具微脊，叶舌为一轮纤毛，叶片线形，通常两面无毛；穗状花序，小穗灰绿色或带紫色；颖果长圆柱形；5—10月开花结果。

【主要用途及生态贡献】1.用以铺建草坪或球场；唯生长于果园或耕地时，则为难除灭的有害杂草。2.是一种优良的牧草，猪、牛、马、兔、鸡等喜食其根茎。3.全草可入药，有清血、解热、生肌之功效。

【地理分布】广布于中国黄河以南各省，全世界温暖地区均有分布。